エレクトロニクスを
はじめよう

Forrest M. Mims III 著

斉田 一樹 監訳
鈴木 英倫子 訳

オライリー・ジャパン

© 1983, 2000 by Forrest M. Mims III.
Japanese-language edition copyright © 2018 by O'Reilly Japan, Inc.
All rights reserved.

本書は、株式会社オライリー・ジャパンが、原著者の許諾に基づき翻訳したものです。
日本語版の権利は株式会社オライリー・ジャパンが保有します。日本語版の内容について、
株式会社オライリー・ジャパンは最大限の努力をもって正確を期していますが、
本書の内容に基づく運用結果については、責任を負いかねますので、ご了承ください。

本書で使用する製品名は、それぞれ各社の商標、または登録商標です。
なお、本文中では、一部のTM、®、©マークは省略しています。

Getting Started in Electronics

BY FORREST M. MIMS III

日本の読者の方へ

　エレクトロニクスは、ラジオやテレビ、ビデオゲームや電話、そしてコンピューターなどの利用を可能にし、現代生活を発展させてきました。しかし、ソフトウェアやアプリケーションを開発している人も含めて、このような技術の恩恵を受けているほとんどの人々は、エレクトロニクスの基礎をよく知りません。

　この本は、シンプルな抵抗やコンデンサーからダイオード、トランジスター、そして太陽電池をはじめとした、エレクトロニクスの基本原則が学べるように書かれています。アンプやタイマー、デジタル論理ICなどを含む、集積回路についても紹介しています。そして、自分で組み立てて動作させながら学べる、100ものプロジェクトでこの本はしめくくられています。

　英語版は、130万部印刷され、世界中のさまざまな年代の人に読まれました。個人はもちろん、大学などの教育機関でも読まれ、実践的に使われています。たくさんの技術者や科学者から、一番初めにエレクトロニクスについて学んだ本として、お手紙をいただいています。

　このたび、『エレクトロニクスをはじめよう (Getting Started in Electoronics)』が日本の読者のために訳されたことをとてもうれしく思っています。なぜなら日本は、非常に多くの創造的な科学者や技術者のふるさとだからです。私が100もの回路を作り、絵を描き、執筆していた間に感じていたように、みなさんがこの本を楽しんでくれるとうれしく思います。また、注意深く日本語に翻訳し、出版の努力をしてくださった方々にも、特に感謝します。

　私が利用している科学技術のほとんどは、この本に掲載されている原則に基づいています。もし、私が研究している科学について、もっと知りたい場合は、私の名前でネットを検索していただくか、私のウェブサイト（www.forrestmims.org）を訪問していただくとよいでしょう。

Forrest M. Mims III

はじめに

　本書は、ホビーと学習を兼ね備えた書籍です。正確な内容になるように注意を払っていますが、著者とRadioShack*は、この本に記載されている装置について、いかなる間違いや記載漏れ、整合性に責任を負いません。また、この本で紹介している装置を利用した結果、不利益やダメージを被ったとしても、私たちは責任を負いません。利用する場合は個人の責任で利用し、もし本で紹介した装置を組み合わせて製品を制作し販売するときは、特許や著作権などを侵害しないように気を付けてください。

　<u>注意</u>：この本には、<u>かならず守らなければいけない</u>、電気に関する安全の手引きが含まれています。子どもたちが、電源につながった回路やハンダごてを使うときには、注意深く監督することが必要です。

　RadioShackや著者へは、多くの読者からの問い合わせがありますが、この本の範囲を超えた質問やリクエスト（回路のアレンジ、技術的なアドバイス、トラブルシューティング、手助けの依頼などなど……）に答えることはできません。個別の質問に答えることはできませんが、さまざまな感想や意見、アドバイスをお送りいただければうれしく思います。
　すべての感想に返信ができないのが残念ですが、ぜひ出版社宛に感想を送ってください。

＊編注：Radioshackは米国の電子部品販売店であり、原書の出版元です。

目次

- 004 日本の読者の方へ
- 005 はじめに
- 008 エレクトロニクスをはじめよう

1章 | 電気

- 011 電気を働かせよう
- 012 基本に帰ろう
- 014 静電気
- 018 電流
- 019 直流電流
- 020 直流電流を使おう
- 022 直流電流を作ろう
- 024 交流電流
- 025 交流と直流の測定
- 026 電気回路
- 029 パルス、波、信号とノイズ

2章 | 電子部品

- 032 導線とケーブル
- 033 スイッチ
- 035 リレー
- 036 可動式コイルメーター
- 036 マイクとスピーカー
- 037 抵抗
- 041 抵抗の使い方
- 042 コンデンサー
- 047 コンデンサーの使い方
- 047 抵抗とコンデンサーを使った装置
- 050 コイル
- 052 トランス

3章 | 半導体

- 056 シリコン
- 058 ダイオード
- 063 トランジスター
- 064 バイポーラトランジスター
- 069 電界効果トランジスター（FET）
- 069 接合型FET（JFET）
- 071 MOSFET（金属酸化膜半導体FET）
- 075 ユニジャンクション・トランジスター（UJT）
- 077 サイリスター
- 077 SCR（シリコン制御整流子）
- 079 トライアック
- 081 2端子サイリスター

4章 | 光半導体

- 082 光
- 084 光学部品
- 086 凸レンズの使い方
- 087 半導体光源
- 087 発光ダイオード（LED）
- 092 半導体光検出器
- 092 フォトレジスター型光検出器
- 094 PN接合の光検出器
- 094 フォトダイオード
- 097 フォトトランジスター
- 100 光サイリスタ
- 101 LASCR（光起動式SCR）
- 102 太陽電池

104	**5章** 集積回路		138	**9章** 電子回路100
			139	ダイオード回路
			140	小信号ダイオードと整流器
108	**6章** デジタルIC		143	ツェナーダイオード回路
108	機械式スイッチゲート		144	トランジスター回路
109	2進数との関係		144	バイポーラ・トランジスター回路
111	ダイオード・ゲート		147	JFET回路
112	トランジスター・ゲート		149	パワー MOSFET（DMOS、VMOSなど）回路
114	ゲート回路記号		150	UJT回路
116	データの「高速道路」		152	サイリスタ回路
117	組み合わせ回路		153	SCR回路
120	順序回路		154	トライアック回路
123	組み合わせ回路と順序回路を両方使った論理回路		155	光学回路
124	デジタルICの種類		155	発光ダイオード（LED）回路
			158	半導体光検出回路
			161	デジタルIC回路
126	**7章** リニアIC		161	TTL回路
126	基本的なリニア回路		165	CMOS回路
127	オペアンプ		172	リニアIC回路
128	タイマー		172	オペアンプ回路
130	ファンクションジェネレーター		175	コンパレーター回路
130	電圧レギュレーター		177	電圧レギュレーター回路
131	その他のリニアIC		178	タイマー回路
			182	索引
132	**8章** 回路組み立てのコツ		188	訳者あとがき
132	試作用回路			
133	本番用回路			
134	ハンダ付けの方法			
136	電子回路に電気を通そう			

エレクトロニクスをはじめよう

　エレクトロニクスの世界へようこそ！　この世界は最近、急速に成長している「ハイテク」分野であり、面白くてためになるホビーです。この本では、電気や電子部品、ICまで網羅し、静電気から固体電子工学まで、みなさんに紹介します。3章から7章は、部品を使ってどのように回路を組み立てるのか解説します。そして9章では、100の回路の作り方とテストの方法を紹介します。本のあちこちにある「矢印マーク（⇒）」は、関連する話題があるページを示しています（たとえば、3章から7章にある回路が、実際に動く実例など）。この本がみなさんの教師となり、役立ち、もちろん楽しみになることを期待しています。

さらなるエレクトロニクスの世界へ進もう

　私は、この本をきっかけとして、読者がさらなるエレクトロニクスの世界に進んでほしいと思っています。『Engineer's Mini-Notebook』*シリーズに掲載されている、数百もの電子回路を組み立てることからはじめてもいいし、さまざまなエレクトロニクスの雑誌を購読してもいいでしょう。ただし、単に本を読むよりも、電子回路をたくさん作り、動作確認をしながら使うことによって、多くのことがわかるということを忘れずに。つまり、この本に掲載されている回路をできるだけ多く、実際に組み立てて欲しいのです。

　もし質問があったら？　エレクトロニクスに熱心な読者は、この本を読むことでたくさんの疑問を持つかもしれませんね。その答えは、『Engineer's Mini-Notebook』やRadioShackのほかの本で見つけることができるでしょう。地元の図書館に置いてあるエレクトロニクスの本をチェックするのも忘れずに。さまざまなエレクトロニクス愛好家向けのニュースグループや、RadioShackのサイトを始めとしたインターネット上のさまざまな情報も参考にしてください。

* 訳注：米国で1980年代にシリーズで刊行され、現在もamazon.comで入手可能です。

教育関係者の方へ

　この本が最初に出版されたのは1983年のことで、科学コンテストで受賞するようなプロジェクトを学生たちが進めるための手助けをしてきました。多くの教師がこの本を参照し、電子工学の基礎を教えるテキストとしてきたのです。RadioShackのソルダーレス・ブレッドボード*を使えば、9章（「電子回路100」）にある、さまざまな回路のほとんどのテスト版を簡単に作ることができます。

*訳注：日本では電子部品を販売しているお店や通販で購入することができます。

1章 | 電気
ELECTRICITY

空から落ちる稲妻と、ドアノブを乾いた手で触った時にパチッと刺激が走ること、この2つはどちらも電気で、その違いは電気の量にすぎません。ベンジャミン・フランクリンは、かの有名な凧の実験で、世界ではじめてこのことを実験しました。

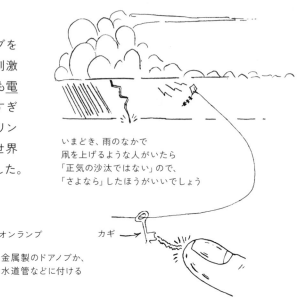

いまどき、雨のなかで凧を上げるような人がいたら「正気の沙汰ではない」ので、「さよなら」したほうがいいでしょう

← ネオンランプ

金属製のドアノブか、水道管などに付ける

カギ →

しびれずに電気を「見る」良い方法は、ネオンランプの片側の線を握り、もう片側を金属製の物体につけ、その状態で硬い靴底の靴を履き、カーペットの上を歩いてみることです。ランプは（湿度が高くなければ）静電気で光るでしょう。

もちろん、あなたは電気を「見る」ことができません。あなたが見ているものは、ランプの中で空気とネオンが起こした現象です。この電気的現象はさまざまなところで見ることができます。以下のイラストはその例です。

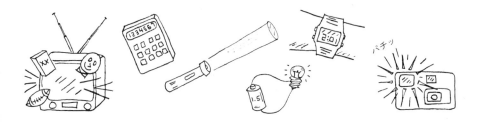

電気を働かせよう

　すべてのものには電気的な性質があります。そのため、今まで何世紀にもわたって、科学者は電気を生成し、充電し、操作し、そして切り替えることができる、何百もの部品や装置を発明することができたのです。これらの部品の組み合わせによって、出現したのが……

このページから先へ読み進めば、ここに描かれている部品や、そのほかの電子部品がどうやって働くのか、また電子回路……たとえば、懐中電灯やタイマー、アンプ、デジタル回路、電源、サウンドジェネレーターといった、さまざまな回路で電子部品をどのように使うのか、その方法がわかるはずです。

そして、この本を読み終えた時には、ここに描かれている、すべての部品の役割と使い方がわかるはずです！　ここには、トランスやダイオード、抵抗、コンデンサー、ツェナーダイオード、トランジスター、電圧レギュレーター、IC（集積回路）などが描かれています。

電子部品と電子回路の働きが知りたかったら、この章を飛ばして2章から読みはじめるといいでしょう。でも、もし時間があるなら、この章の続きを読み、この先を読み進めるために必要な知識を身に付けるために、電気の基礎をしっかり学んでください。また、一般家庭にあるようなものを使って、電気を発生させたり、検出する方法についても学ぶことができます。

基本に帰ろう

電気的な性質は物質の重要な要素の1つです。その性質を知るには、世界中でもっとも小さな物質、原子からはじめるのがよいでしょう。

これは水素とヘリウムに次いで、3番目にシンプルな原子、リチウム原子です。3つの陽子と4つの中性子の周りをまわる3つの電子でできています。

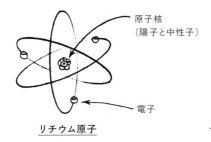

原子核
（陽子と中性子）

電子

リチウム原子

⊖マイナスの電荷を持つ電子
⊕プラスの電荷を持つ陽子
○電荷を持たない中性子

□ イオンについて

　通常、原子は同じ数の電子と陽子を持ちます。正負の電荷はそれぞれ打ち消しあうため、原子は電荷を持ちません。多くの原子から、電子を1つ以上取り除くことができます。この場合、原子は正電荷を持つことになり、それを陽イオンと呼びます。電子が通常の原子にくっつくと、その原子は負電荷を持つことになり、それを陰イオンと呼びます。

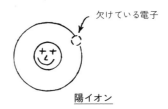

□ 電子について

　原子から離れて動き回る自由電子は、金属や気体、真空を高速で動くか、表面にとどまります。

□ 自由電子についてもっと詳しく

　数兆もの自由電子は、表面にとどまって休んだり、空中や物質を光速に近いスピードで動くことができます（その速さ、秒速1,860,000マイル！）。

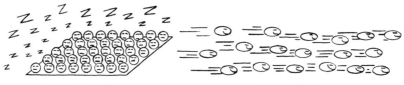

休んでいる電子　　　　　　動いている電子

□ 休んでいる電子

　物質の表面にとどまって休んでいる負電荷の電子は、物質の表面をマイナスに帯電します。電子が動かない間は、その表面がマイナスの静電気を帯びていると見なすことができます。

□ 動いている電子

　動いている電子の流れは、電流と呼ばれます。とどまっている電子は、陽イオンの一団に近づくと、急速に電流へと姿を変えます。陽イオンの電子が、なくなった電子の隙間である「正孔（ホール）」を埋めようと、電子を引き付けます。

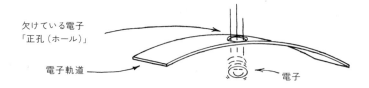

□ 欠けている電子

　物理的な摩擦や、光、熱、化学反応などが、電子を物質の表面から取りのぞきますが、これによって物質の表面の電荷はプラスとなります。プラスの電荷を持つ原子が休んでいる時、その表面はプラスの静電気を帯びていると言えます。

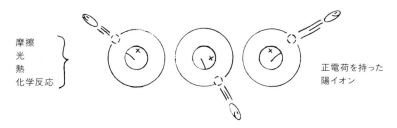

静電気

　カーペットの上を歩くときや、ビニールの梱包テープを使うとき、乾燥機で乾かした服に触れるときなど、いつでも静電気が起こります。空気が乾燥してると、静電気がパチっと火花とともに勢いよく飛び出してきます。たいていの場合、その現象が起こるまでは、静電気には気が付かないでしょう。これらの静電気は、物理的摩擦によって起こります。今からさかのぼること紀元前600年に、ギリシャのタレスが、琥珀をウールでこすることによって静電気を発生させる実験を行いました。

□ 琥珀

琥珀は大昔、樹木から流れ出した樹液が透明な金色の塊となり、偶然に地中に埋まったものです。樹液が硬くなる前に植物の破片や昆虫、さらには水滴！ が閉じ込められたものもあります。このような天然の樹脂は、摩擦によって簡単に静電気を帯び、紙くずを引き寄せます。

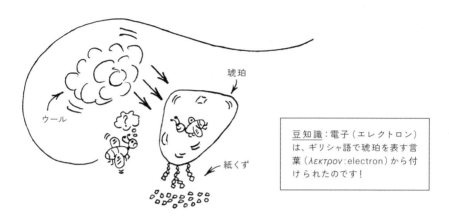

豆知識：電子（エレクトロン）は、ギリシャ語で琥珀を表す言葉（λεκτρον：electron）から付けられたのです！

□ 電気を帯びたプラスチックとガラス

乾燥した日にプラスチックのクシで乾いた髪の毛をとかすと、髪の毛の電子がクシに移ることがあります。また、ガラス棒で絹かナイロンのハケをこすると、ガラス棒の電子がハケに移るでしょう。クシはマイナスの静電気を帯び、ガラス棒はプラスの静電気を帯びますが、どちらも琥珀のように紙くずを引き付けるのです。ウールや毛皮などいろんなものをこすっても、静電気を起こすことができます。ただし金属は？ 残念、金属は電荷が漏れ出てしまうのです。

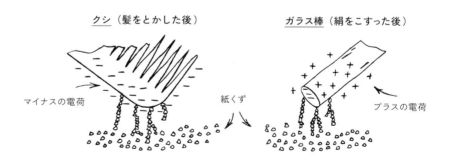

□ 静電気の反発と引き付けあい

クシとガラス棒が、逆の電荷を持っていると、なぜわかるのでしょう？ 基本的な電気の法則は、同じ電荷は反発し、違う電荷は引き付けあうというものですが、以下のイラストは、この法則と質問への答えを証明するものです。

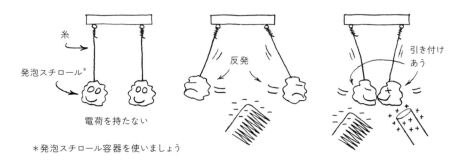

＊発泡スチロール容器を使いましょう

覚えましょう：

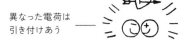

□ 検電器

電気を測定するために作られた一番最初の装置は検電器です。みなさんにも簡単に作れますよ。

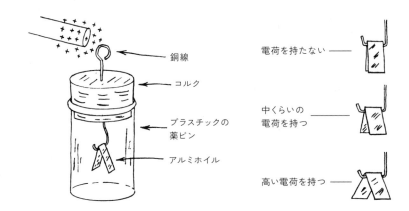

折りたたんだアルミホイルは清潔で乾燥したものを使いましょう。銅線の先に帯電したものを近付けると、アルミホイルの折り曲げた両側に同量の電荷が帯電し、2つに開きます。

□ 導体と絶縁体
　さきほど作った検電器を使って、物質には電子が通るものと、通らないものがあることを調べることができます。ヒント：乾燥した日に試しましょう！　電子は湿度が高い大気の中を通り抜けることができるので、湿度が高い日には、検電器の電子が大気に拡散してしまいます。

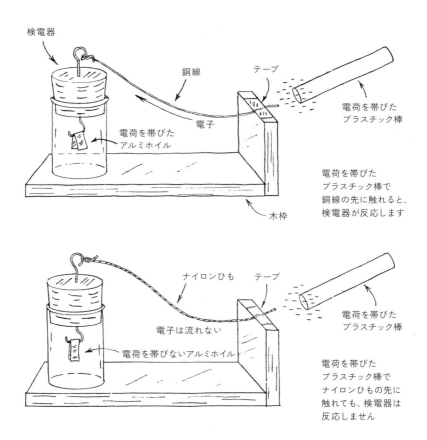

この実験では、電子はある物質を流れ、また別の物質には流れないことがわかります。電子が流れる物質を、導体と呼びます。電子がほとんど、あるいはまったく流れない物質を絶縁体と呼びます。

導体には、銀、金、鉄、銅などがあります。
絶縁体には、ガラス、プラスチック、ゴム、木などがあります。

電流

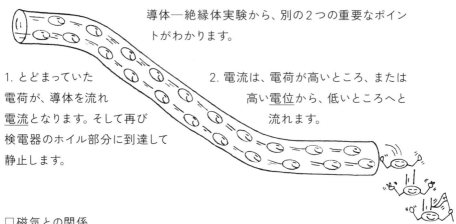

導体―絶縁体実験から、別の２つの重要なポイントがわかります。

1. とどまっていた電荷が、導体を流れ電流となります。そして再び検電器のホイル部分に到達して静止します。

2. 電流は、電荷が高いところ、または高い電位から、低いところへと流れます。

□ 磁気との関係

導線を流れる電流は、導線の周囲に磁界を作ります。磁界を見ることはできませんが、その様子を観察することはできます。方位磁針の針は北（N極）を指していますが、その針と平行になるように、銅線を方位磁針の上に置き、その銅線に乾電池をつなぎます。そうすると、方位磁針の針が南北以外の方角にゆれるでしょう（電池が熱くなるのを防ぐために、観察したらすぐにはずすこと！）。

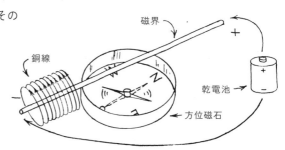

□ 電流の計測

　磁界に置かれた方位磁針の物理的（かつ磁気的）な動きは、銅線の中を流れる電流の量を測定するのに役立ちます。これが、アナログマルチテスターで使われている、可動式コイルメーターの原理です。感度を高くするために、銅線がコイルのように巻かれています。

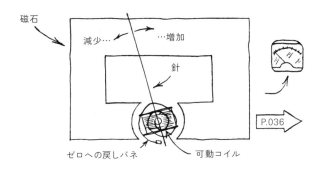

直流電流

□ 直流電流

　電流は、導体の中を2方向のどちらかに流れます。もし電流が絶え間なく連続的に、一方向に流れる場合、直流電流（DC）と呼びます。ここでは、直流電流の量と強さを測定できるようになることが重要になります。以下がキーワードです。

□ 電流（I）

　電子が、特定の時間にある一点を通り過ぎる量を電流と言います。電流の単位はアンペア（A）と呼ばれます。1Aは、1秒につき、6,280,000,000,000,000,000（6.28×10^{18}）個もの電子が、ある1点を通り過ぎることを表します。

□ 電圧（VまたはE）

　電圧は電気的な圧力を表し、ときにポテンシャルとも呼ばれます。電圧降下は、電流が流れている導体の、両端2極の電圧の差を表します。パイプを流れる水流に例えれば、電圧は水圧にあたります。

□ 電力（P）

電流が行う仕事の量を電力と呼びます。電力の単位は<u>ワット（W）</u>で表します。直流電力は、電圧と電流をかけ算したものとなります。

□ 抵抗（R）

導体は完全ではありません。導体を流れる電流は、ある一定の割合でさまたげられる（抵抗を受ける）ことになります。この抵抗の単位を<u>オーム（Ω）</u>と呼びます。1Vの電位差が1Ωの抵抗にあると、1Aの電流が流れます。導体の抵抗値は、電圧降下を電流で割り算した値となります。

□ ミスター・オームの法則

上記のうちからいずれか2つの値を、以下の<u>オームの法則</u>に当てはめれば、2つの値を使って残りの値を求めることができます。

$V = I \times R$
$I = V/R$
$R = V/I$
$P = V \times I \, (OR) \, I^2 \times R$

この本の後ろのほうで、再度オームの法則を使うことになりますよ。

□ まとめ

これらは「水の流れ」に例えることができます。

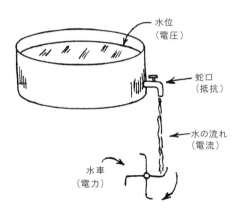

直流電流を使おう

直流電流にはとてもたくさんの使い道があり、1冊の本ではすべてを紹介しきれません。以降のページでは単線のコイルをいくつか紹介します。これらのコイルは4〜8ミリの長さのストローと9メートル以上の長さの30ゲージ（0.255ミリ）の被覆線があれば、誰でも簡単に作ることができます。コイルをテープで固定し、被覆線の両端の絶縁体を細か目のサンドペーパーではがし

ておいてください。

□ 電磁石

コイルの中に鉄釘を入れ、コイルの両端を9V電池につなげると、つなげている間は鉄釘が磁石となります（電池を外しても、磁力が少し残るかもしれません）。

□ ソレノイド

これは、「吸引磁石」です。コイルに電力を供給すると、釘が素早く内部に引き込まれます。

□ モーター

みなさんはこれをモーターだと思わないかもしれませんが、このエレガントな装置は、辞書のモーターの定義を満たしているものです。軽い鉄釘を使ってください。コイルの一方の端をリード線に固定しましょう。釘が上下に動くようにコイルの高さを調節してください。

課題

どのように動くのか、100文字以下で説明してみましょう。

直流電流を作ろう

　直流電流を生成する方法は、驚くほどたくさんあります。ここではいくつかの主要な方法を紹介します。

□ 化学的生成法

　電解質は、たくさんのイオンが溶け込んだ溶液です。例えば、食塩を水に溶かすと、塩は正と負のイオンに分解されます。食塩水に、2種類の異なる金属片を浸すと、正のイオンは1つの金属片に集まり、負のイオンはもう片方に集まるでしょう。そして、2つの金属片を導体でつなげると、電流が（イオンとして）溶液の中を、（電子として）導体の中を流れるはずです。このような発電装置は、湿電池（ウェット・セル）と呼ばれます。電解質を染み込ませた紙、またはペースト状にしたものを使った電池は、乾電池（ドライ・セル）と呼びます。ここで手軽に作れるいくつかの化学的な生成法を紹介します。面白いですよ！

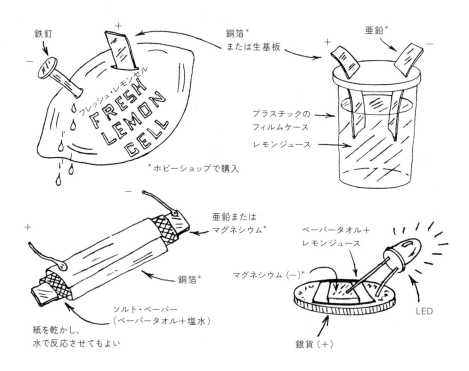

2つ以上の電池を直列につないで電池を作ると、全体の電圧は、各電池の電圧の合計と等しくなります。

□ 電磁界による生成法

電流が導体を流れると、導体の周囲に磁界を作り出します。この現象は、導体と磁界の関係が逆の場合にも起こります。つまり、磁界の中で導体を動かすと、その中に電流が流れます。ワイヤーを巻いて作ったコイルと小さな磁石があれば、簡単に電磁界による電流の生成をテストすることができます（021ページで紹介したコイルを使うとよいでしょう）。まずコイルの線を、マイクロアンペアまで測れる計測器につなぎます。鉄釘をコイルに差し込み、磁石をコイルの前後方向に動かします。磁石を前後に動かすたびに、計測器は数マイクロアンペアの値を示します。磁石を後ろ

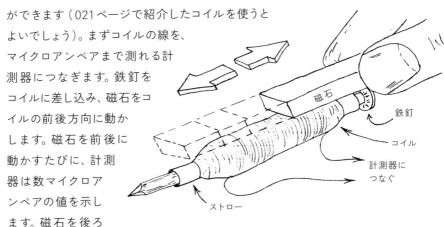

に動かした時、電流の極性（方向）は逆になるでしょう。既製品の発生装置を使ってみたい？ そんな場合は、DCモーターのシャフトをただ回転させればよいのです。このようなモーターのほとんどは、数ボルトまでの異なる電位差を作ることができるのです！ プロペラを付ければ、風力発電機を作ることだってできますよ。

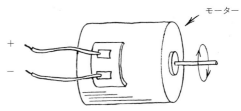

□ 熱による生成法

　異なる金属同士の接点を熱すると電流が発生します。鉄釘の末端に銅線を巻き、マッチの炎で熱すると、1,000分の数Vの電圧が発生します。鉄とコンスタンタン（銅55%、ニッケル45%の合金）のようなものをつなげた場合は、電圧はさらに高くなります（これをゼーベック効果と呼びます）。

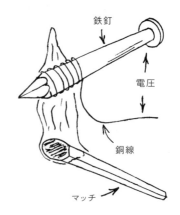

交流電流

　いままでのページで紹介した、手作りコイルと磁石「発電機」を振り返ってみましょう。磁石をコイルの上で一方向に動かすと、銅線の電子が一方向に動いて、直流電流が生まれます。反対方向に動かすと、磁石がコイルの上を移動している間、逆方向の電流が流れます。そのため、もし磁石がコイルの上を前後に動く場合、流れの向き、あるいは極性が交互に変化する電流が生成されます。これを交流電流と呼びます。交流電流（AC）は通常、磁界の中で回転するコイルによって生み出されます。

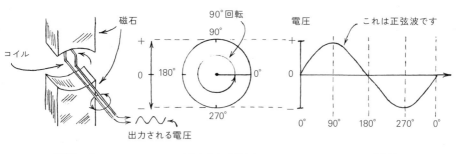

回転コイル　　　　　出力される電圧　　　　　AC正弦波

□ 正弦波の測定

交流電圧は通常、同じ量の仕事をする直流電圧と等しい値で表現します。正弦波の場合、この値はピーク電圧の0.707倍となります。これを実効値（二乗平均平方根、RMS、root-mean-square）と呼びます。ピーク電圧（または電流）は、

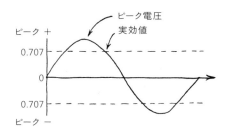

実効値の1.41倍となります。家庭用電源の電圧は、この実効値に基づいて指定されます。そのため、120Vの家庭用電圧は、120×1.41V、つまり169.2Vのピーク電圧となります。

□ なぜ交流が使われるのでしょうか

交流電流は、直流電流よりも長距離の送電に適しています。交流電流を運んでいる電線は、近くの電線の電流を誘導することができます。これがトランスの原理です。

交流と直流の測定

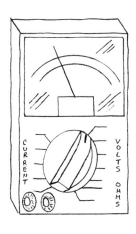

テスターと呼ばれる道具を使えば、交流や直流の電圧や電流を簡単に測定することができます。アナログテスターは、可動式コイルメーターを使っています。デジタルテスターは、デジタル表示装置を備えています。テスターは電気を測定する、とても重要な道具の1つです。

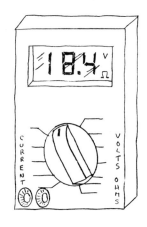

□ アナログテスター

デジタルのものより安価ですが、正確さに欠けるところがあります。ゆっくりと変化する電圧や電流、抵抗の動きを観察するのに向いています。

□ デジタルテスター

アナログのタイプよりはるかに正確で、読み取りやすくできています。電圧や電流、抵抗の正確な値を測定するのに適しています。

□ テスターのまとめ

テスターは必要不可欠です！ たとえ、あなたのエレクトロニクスへの興味が一時的なものだとしても、テスターの購入を考えてください。家庭や職場で、電化製品や自動車を扱うとき、さまざまな使い道があります。もし、エレクトロニクスについて本気なら、品質のよい高インピーダンス（内部抵抗が高い）のテスターを手に入れてください。このようなテスターは、測定する装置や回路に影響を与えません。理想としては、アナログとデジタル両方のテスターをもっているとよいでしょう。

□ 電気の安全について

電気は人を死に至らしめます！ もし、エレクトロニクスの実験を長く楽しみたかったら、つねに電気に敬意を払いましょう。この本の後のほうで、安全について説明します。

電気回路

電気回路は、電流が流れるように組み立てたものの総称です。電球と電池をつなげただけの単純なものから、デジタルコンピューターのような複雑なものまで、すべて回路と呼びます。

□ 基本的な回路

この基本的な回路は、電流源（電池）、電球、そして2つの導線から成り立っています。回路の中で仕事をする部分を負荷と呼びます。この回路の場合、負荷にあたるものは電球です。ほかの回路では、モーターや発熱体、電磁石などが負荷になることがあります。

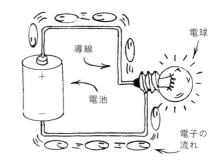

□ 直列回路

回路には、1つ以上の部品（スイッチ、電球、モーターなど）を配置することができます。1つの部品を流れた電流が、次の部品を流れるとき、直列回路となります（矢印は電子の流れの方向を表しています）。

□ 並列回路

並列回路は、それぞれの部品へ流れる電流が、次の部品へと流れないように2つ以上の部品が組み合わさったものです。

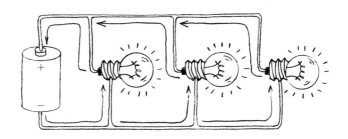

□ 直並列回路

多くの電子回路は、直列と並列の両方が組み合わさっています。組み合わさったそれぞれの回路は、1つの電源で動きます。

□ 回路図

今までこの本では、電子回路をイラストで表してきました。次の数章でも同様に、イラストで説明していますが、この本の終わりの方では、イラストは回路図に置き換わります。回路図の中では、部品のイラストは回路図記号で表されます。

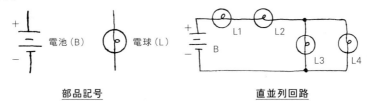

部品記号　　　　　　　　　直並列回路

□「ショート（短絡）」回路

部品や配線が、他の部品が接続されている場所をまたいで接続されている場合、回路を流れる電流の一部、あるいは全部が導体を通って近道してしまうことがあります。このようなショート回路は通常、どうひいき目に見ても望ましい状態ではありません。ひどい場合だと、このような回路は電池を急速に消耗し、配線と部品にダメージを与えます。ショート回路は、導線の絶縁体を発火させるほど熱くなることもあります。

注意：人間の体は電気を通します。そのため、不注意に電子回路に触るとショート回路となってしまいます。もし、電圧と電流が高ければ、危険かつ致死的なショックを受けるでしょう。

□「グランド」

　交流電線の片一方は、金属の棒によってアースされています。電子機器の金属製の筐体は、このグランド線につながれています。これは、金属にグランドではない側の導線が接触し、感電事故を起こすことを防ぐものです。グランド接続がない場合、地面や濡れた床に

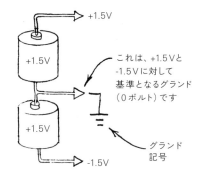

立っている人が機器に触れた場合、危険な衝撃を受けることになります。グランドはまた、地表に接続されているかどうかにかかわらず、回路における0ボルトの箇所を表します。たとえば、このページや、後ほど出てくる回路に表記されている電池のマイナス部分は、グランドとみなされます。

パルス、波、信号とノイズ

　エレクトロニクスとは、電子の働きとその結果を、研究して応用するものです。もっともシンプルな電子のための装置は、電球や電磁石、モーターやソレノイドなどの部品に電流を直接供給する直流・交流回路です。エレクトロニクスの世界で、このような基本的な装置よりもはるかに複雑なことができるのは、電子の流れを簡単に制御し、操作することができるからです。

　この単純な回路は、最初に示したものよりずっと便利なものです。この回路は、スイッチのオンオフを電球の点滅に変換することで情報を送信することができるのです。

この電球の点滅は、このような図で表すことができます。

点滅の<u>パターン</u>もしくは<u>パルス</u>は、話し声などの複雑な情報を表すことができます。また、話し声は、電球の明るさの変化に変換することができます。これは、声を光の反射を使って送るシンプルな方法です。

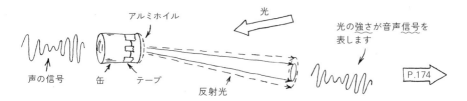

□ パルス

　パルスは、電流が急激で短かい上昇と下降を行っている状態を指します。理想的なパルスは、瞬間的に立ち上がり、立ち下がるものですが、実際のパルスは理想とは異なっています。

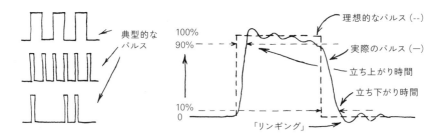

□ 波

波は、電流または電圧の周期的な変動です。波は一方向（直流）または、正と負の両方向の場合があります（交流）。さまざまな種類の波がありますが、以下はその一部です。

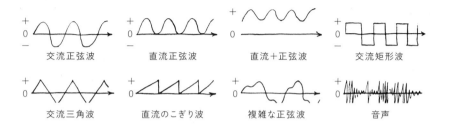

交流正弦波　　直流正弦波　　直流＋正弦波　　交流矩形波

交流三角波　　直流のこぎり波　　複雑な正弦波　　音声

□ 信号

信号は、情報を伝える周期的な波形です。波形が発生する過程を変調（モジュレーション）といいます。信号は、交流、直流そして直流レベルを含んだ交流の形にすることができます。信号の敵は……

□ ノイズ

すべての電子機器や回路は、微小で不規則な電流を発生させます。この電流が不要な場合、ノイズと呼びます。雷や、自動車のエンジン点火装置、電気モーターや送電線などによって電磁波が発生し、ノイズとして電子回路に入り込むこともあります。ノイズは、数百万分の1ボルトあるいはアンペアしかないかもしれませんが、同程度の低レベルの信号をいともたやすく不明瞭にしてしまいます。

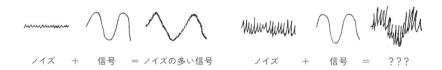

ノイズ　＋　信号　＝ノイズの多い信号　　ノイズ　＋　信号　＝　？？？

031

2章 | 電子部品
ELECTRONIC COMPONENTS

電流をせき止め、運び、コントロールし、選び、導き、振り分け、貯め、操作し、複製し、変調させ、活用する……ための、とてもたくさんの種類の部品や素材があります。さまざまな部品で使われている半導体はとても重要なので、3章のすべてを使って説明します。この章では、半導体以外の知っておくとよいパーツについて説明します。

導線とケーブル

導線は電流を運ぶために使われます。多くの導線には銅などの抵抗値の低い金属が使われています。単線は、1本の導体でできています。より線は、2本以上の導体がより合わされたものです。多くの導線は、ビニールやゴム、ラッカーの被覆で絶縁されています。ハンダめっきされている導線は簡単にハンダ付けできます。

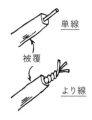

裸銅線の仕様

規格*	直径 (インチ)	1ポンド あたりの長さ (フィート)**	1Ω あたりの長さ (フィート)
16	0.05082	127.8	249.00
18	0.04030	203.4	156.50
20	0.03196	323.4	98.50
22	0.02535	514.2	61.96
24	0.02010	817.7	38.96
26	0.01594	1300.0	24.50
28	0.01264	2067.0	15.41
30	0.01003	3287.0	9.69

* 訳注:米国ワイヤゲージ規格(AWG)
** 訳注:1フィートは約30センチ

ケーブルは、普通の導線よりも多くの導線と絶縁体を組み合わせたもののことです。同軸ケーブルは（テレビの電波のような）高い周波数の信号を送ることができます。

□注意！
　かならず電流に見合った規格の導線を使いましょう。もし、触ったときに導線が熱くなっていたら、規格以上の電流が流れています。より大きい規格の導線を使うか、電流を減らしてください。そうしないと……

（熱くなる）　か　（断線する）　か　（燃えてしまう）

スイッチ

　機械式スイッチは、電流を流したり、止めることができます。また、さまざまな場所に電流を流すためにも使われます。

□基本的なナイフスイッチ
　もっとも単純なスイッチです……

　これはSPSTスイッチ（単極単投：Single - Pole, Single - Throw）と呼ばれます。

☐ 複数の接点を持つスイッチ

以下は主なスイッチの記号です。

```
SPDT  —  ⌐○→○
              ○

DPDT  —  ⌐○→○
         ┊ ○
         └○→○
              ○

DPST  —  ⌐○→○
         ┊    ○
         └○→○
              ○
```

（破線は、どちらの側も同時に動くことを示しています）

- SPDT — （単極双投：Single - Pole, Double - Throw）
- DPDT — （2極双投：Double - Pole, Single - Throw）
- DPST — （2極単投：Double - Pole, Double - Throw）

☐ そのほかのスイッチ

プッシュボタンスイッチは基本的に、SPSTスイッチです。スイッチを押していないときに、オフ（ノーマルオフ、Normally Open、NO）またはオン（ノーマルオン、Normally Closed、NC）になっています。

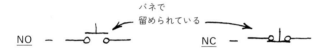

ロータリースイッチは、1つの操作軸と2つ以上の接点を持つ、ワッフルのような形をした円形のスイッチです。円形のワッフルの上に、複数の操作軸が配置されているスイッチもあります。このスイッチには、たくさんの接点のバリエーションがあります。

水銀スイッチは、内部に少量の水銀があり、水銀の位置に応じてスイッチがオン/オフします。

その他には、トグルスイッチ、ロッカースイッチ（波動スイッチ）、レバースイッチ、スライドスイッチ、プッシュ式スイッチ、照光式スイッチなどさまざまな種類のスイッチがあります。

リレー

リレーは電磁石を使ったスイッチです。少量の電流がリレー内部のコイルを流れると、磁界が発生し、それによりスイッチの接点が一方からもう一方へと移動します。

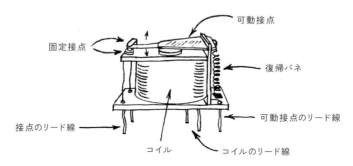

□ リレーの記号

接点の構成を変えることによって、SPST、SPDT、DPST、DPDTといったスイッチの働きをさせることができます。

この記号は、
SPDT接点を表しています

□ リードスイッチを使ったリレー

ガラス管の中に、2つのスイッチが近接して配置されたスイッチです。スイッチは(外部からの)磁界によってオンになります。

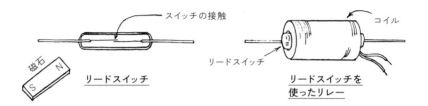

可動式コイルメーター

U字型磁石の2つの極の中間にコイルを配置します。コイルに電流が流れると、コイルが回転します。これが可動式コイルメーターの原理です。

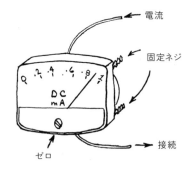

マイクとスピーカー

マイクは音波の変化を、対応した電流に変換します。音波の変化は最初に、可動式のフィルムや金属箔で作られたダイヤフラムの前後の動きに変換されます。この動きは以下のような方法で、電流に変換されます。

□ カーボン

ダイヤフラムの動きが、炭素の粉を入れた容器に圧力を加えます。圧力に比例して炭素粉の抵抗値が変化します。

□ ダイナミック

ダイヤフラムが動くことにより、小さなコイルが磁界の中を移動します。この動きが、比例した出力電流を生成します。

□ コンデンサー

ダイヤフラムの動きによって2つの金属板の距離が変わります。その結果、金属板間の静電容量が比例した値に変わります。

□ 圧電（クリスタル）

薄い圧電素子（音波の圧力が加わることによって、曲がる時に電圧が発生する素子）自体がダイヤフラムとなったもの、あるいは圧電素子をダイヤフラムと物理的に接続したマイクです。

スピーカーは、電流や電圧の変化を音波に変換します。以下はよく知られた2つのスピーカーです。

□ マグネティック

ダイナミックマイクと同じ構造です。実際、マグネティック・スピーカーはマイクとしても使うことができます。

□ 圧電（クリスタル）

圧電マイクと同じ構造です。圧電スピーカーも同様に、圧電マイクとして使うことができます。

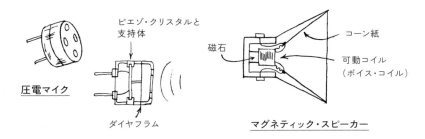

抵抗

抵抗には、たくさんのサイズや形がありますが、すべて同じように<u>電流の流れを制限する働き</u>をします。詳しくは後ほど触れますが、最初に、一般的な抵抗がどのように作られているのか見てみましょう。

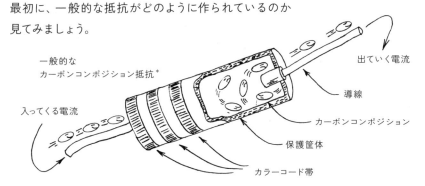

* 訳注：現在は後述される「カーボンフィルム抵抗」がより一般的です。

「カーボンコンポジション」は、糊のような基剤と炭素粉を混ぜた素材の、ちょっとお洒落な呼び名です。この種類の抵抗は簡単に作ることができ、基剤

と炭素粉の比率を変化させるだけで、別の抵抗に変えることができます。炭素を増やせば、抵抗値が低くなります。

□ 抵抗を自作しよう

芯が柔らかい鉛筆で紙の上に線を引き、抵抗を作ることができます。テスターのプローブを、鉛筆で引いた線に当てて、線の抵抗値を測ってみましょう。テスターの抵抗測定範囲をもっとも高い場所に合わせるのをお忘れなく。鉛筆で描いた1本の線の抵抗は、測定するには高すぎる場合があるのです。抵抗値が高すぎる場合は数十回以上、線を重ねて引いてみましょう。筆者が測定したときの値は以下のとおりです。

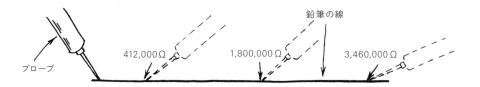

□ 抵抗のカラーコード

イラストの抵抗に、カラーコードが描かれているのがわかりますか？ 抵抗に描かれたカラーコードはどことなくかわいらしく見えますが、それにも増してとても重要な役割を持っています。これらのカラーコードは、描かれている抵抗の抵抗値を表しています。

以下のように表します。

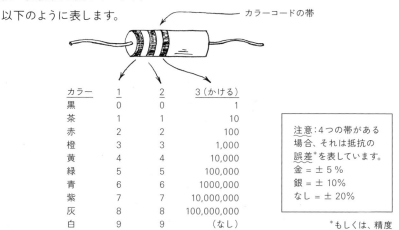

カラー	1	2	3（かける）
黒	0	0	1
茶	1	1	10
赤	2	2	100
橙	3	3	1,000
黄	4	4	10,000
緑	5	5	100,000
青	6	6	1000,000
紫	7	7	10,000,000
灰	8	8	100,000,000
白	9	9	（なし）

注意：4つの帯がある場合、それは抵抗の誤差*を表しています。
金 = ± 5 %
銀 = ± 10%
なし = ± 20%

*もしくは、精度

最初は複雑に見えますが……、すぐに使い方がわかるようになります。例えば黄、紫、赤のカラーコードを持つ抵抗の抵抗値はいくつでしょうか？ 黄が1番目の色であれば、1番目は4です。紫が2番目なら、2番目の数字は7。そして100をかければよいのです。したがって、抵抗値は47×100、つまり4,700Ωです。4つ目の帯がない場合、正確な抵抗値は4,700±20%となります。4,700の20%は940なので、実際の値は3,760Ωから5,640Ωの間の値となります。

□ 抵抗の代用品
　6,700Ωの抵抗が必要なのに、6,800Ωの抵抗しか持ってなかったら？ ほとんどの場合、必要な値の10%〜20%の範囲内の値であれば使ってかまわないので、そのまま6,800Ωの抵抗を使ってください。もし、正確さを要求するような回路であれば、そのことが回路図や部品表などに書かれているでしょう。また、複数の抵抗を直列あるいは並列につなげることで、抵抗値をカスタマイズすることができます。それについては後のページで触れます。

□ 抵抗の代用品を使うときの注意
　電流をたくさん通す抵抗はとても熱くなることがあります！ ですので、抵抗はかならず適切な定格電力を持ったものを使いましょう。もし作っている回路に、抵抗値を算出するための電力定格が明記されていない場合は、1/4もしくは1/2Wのものを使えば大丈夫です。

□ 抵抗値の記法
　抵抗値の数値の最後に、47Kや10MのようにKまたはMとお尻についているのを見たことはありませんか？ このKはギリシア語で1,000を表すキロから付けられています。したがって47Kは、47×1,000つまり47,000という意味です。Mはメガ Ω、つまり1,000,000Ωを意味します。したがって1M抵抗は、1×1,000,000つまり1,000,000Ωを意味します。

　まとめると…

K = ×1,000（47K = 47×1,000 = 47,000Ω）
M = ×1,000,000（2.2M = 2.2×1,000,000 = 2,200,000Ω）

□ そのほかの抵抗

カーボンコンポジション抵抗は、よく使われる抵抗の1つに過ぎません。他には以下のようなものがあります。

金属皮膜抵抗

薄い金属皮膜や、金属粉を混ぜたものを使って、さまざまな抵抗値に対応した抵抗です。

炭素被膜（カーボンフィルム）抵抗

小さなセラミックの筒に、炭素被膜を吹き付けて作られた抵抗です。炭素皮膜に刻まれた螺旋状の溝が、リード線のあいだの炭素の長さを調節し、それにより抵抗値を決めています。

巻線抵抗

抵抗線を巻いてコイル状にし、筒状の被膜で包んだ抵抗です。とても正確で、高熱に耐えることができます。

フォトレジスター

フォトセルとも呼ばれます。硫化カドミウム（CdS）などの光に反応する材料で作られ、フォトレジスターに当たる光量が増すと抵抗値が低下します。後のページで詳しく触れます。

サーミスター

熱に反応する抵抗です。温度が上がると（多くの場合）抵抗値が下がるように作られています。

□ 可変抵抗

抵抗の抵抗値を変化させる必要があるときに使います。可変抵抗は、ポテンショメーターとも呼ばれ、ラジオのボリュームや、電球の明るさを変える時、測定器の調整などに使われています。トリマポテンショメーターには、プラスチックのつまみか、ドライバーを差し込んで回せるくぼみがついています。これはそのつど、抵抗値を設定するために使われます。

□ 抵抗記号

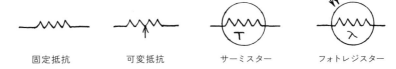

抵抗の使い方

□ 直列回路

抵抗はよく直列につながれます。こんな感じです。

全体の抵抗値は、単純にそれぞれの抵抗値を足した値になります。

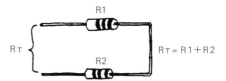

□ 並列回路

抵抗はまた、並列につなぐこともできます。こんな感じです。

全体の抵抗値は、2つの抵抗値をかけたものを、抵抗値の合計で割ったものになります。

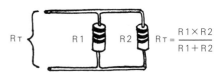

3つ以上の抵抗が並列につながれている場合は電卓を探したほうがよいでしょう。なぜなら……

$$R_T = \frac{1}{\frac{1}{R1} + \frac{1}{R2} + \frac{1}{R3}}$$

……、となるからです。

□ 分圧回路

　これは超重要です！　電圧値は、R1とR2の比率によって決定します。これが方程式です。

$$V_{OUT} = V_{in} \left(\frac{R2}{R1 + R2} \right)$$

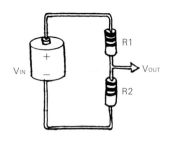

コンデンサー

　コンデンサーにはたくさんの種類がありますが、すべて同じように電子を蓄える働きをします。このもっともシンプルなコンデンサーは、2つの導体が誘電体と呼ばれる絶縁体で分けられたものです。こんな感じです。

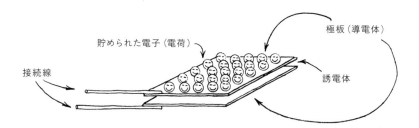

　誘電体には、紙やプラスチック、フィルムや雲母、ガラス、セラミック、空気、そして真空などが使われます。極板にはアルミニウムの円盤やアルミホイル、絶縁体の片側に金属を真空蒸着させたものなどが使われています。導体ー誘電体ー導体とサンドイッチになったものは、丸めて筒に入れたり、平らのまま使われます。コンデンサーの種類については、後ほど詳しく紹介します。

コンデンサーの作り方

2枚のアルミホイルと、1枚のワックスペーパーを使ってコンデンサーを手作りすることができます。以下のように1枚のアルミホイルを紙で包み、さらにアルミホイルを重ねて折りたたんでください。

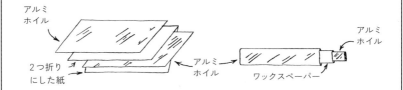

アルミホイルどうしが接触しないように注意！ 9V電池の接点をアルミホイルの表面に露出している部分に押し付けてください。それから内部抵抗が高いテスターのテストリードをアルミホイルに接触させ、電圧を計測してみましょう。数秒の間だけ、わずかな電圧を測定できるはずです。この電圧はすぐに0に落ちます。

□ コンデンサーを充電する

　さきほど作った手作りコンデンサーのマイナス側には、瞬間的に電子が充電されます。コンデンサーと9V電池の間に抵抗を入れれば、抵抗が電流を制限するため、充電時間を遅らせることができます。

充電時間のグラフです。

□ コンデンサーの放電

コンデンサーに蓄えられた電子は、両側の金属プレートの電荷がなくなるまで誘電体を通って徐々に漏れていきます。そのためコンデンサーは放電するのです。金属プレート同士をつなげるとコンデンサーは急速に放電します。抵抗をプレート間につなげれば、放電をもっとゆっくり行うことができます。

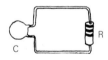 放電時間のグラフです。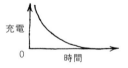

□ コンデンサーの性能

電子を蓄える容量は、静電容量として知られます。静電容量は、ファラド（F）という単位で表されます。1Fコンデンサーは、1Vの電源につなぐと、6,280,000,000,000,000,000（6.28×10^{18}）個もの電子を蓄えることができるのです！ 多くのコンデンサーはもっと小さな容量です。容量の小さいコンデンサーは、ピコ・ファラド（pF）（ファラドの1兆分の1）で表されます。また、それよりも容量が大きなコンデンサーは、マイクロ・ファラド（μF）で表されます（ファラドの100万分の1）。まとめると……

1ファラド ＝ 1F
1マイクロ・ファラド ＝ 1μF ＝ 10^{-6} F ＝ 0.000001F
1ピコ・ファラド ＝ 1pF ＝ 10^{-12} F ＝ 0.000000000001F

□ コンデンサーの代用品

ほとんどのコンデンサーで指定されている静電容量は、実際の値から5～100％ほどの誤差があります。そのため、指定された値に近い容量のコンデンサーであれば、代わりに使うことができます。ですが、使用する最大電圧が、定格電圧の範囲内におさまるコンデンサーをかならず使うことを忘れずに！

□ コンデンサーを代用して使うときの注意

　コンデンサーの定格電圧が、必要な電圧の範囲以上のものであることを<u>かならず</u>確認してください。そうしないと、絶縁体が充電によって破壊されてしまいます。定格電圧はほとんどの場合コンデンサーの表面に記載されています。「V」はボルトを表し、「WV」は耐電圧を表しています（どちらも同じ意味です）。

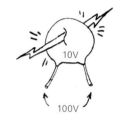

□ コンデンサーの種類

　コンデンサーは多くの場合、誘電体に応じて分類されます。誘導体にはセラミック、マイカ（雲母）、ポリスチレンなどがあり、これらのコンデンサーは、すべて<u>固定</u>コンデンサーです。コンデンサーの中には、可変容量のものや、特殊な設計の固定コンデンサーなどがあります。以下の通りです。

<u>可変（容量）コンデンサー</u>

　1つ以上の固定プレートと可動するプレートによって構成されています。静電容量は、可動プレートの片側に取り付けられた軸を回して変えることができます。

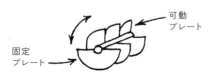

　この種類のコンデンサーは、ラジオ受信機のチューニングに使われています。通常、誘導体は空気です。

　この種類のコンデンサーは、デジタル時計などの発振器の調整に使われる、とても小さいものです。

電解コンデンサーは、アルミホイルやタンタルという金属箔の表面に薄い酸化した膜をつくり、誘電体とする点が特徴的なコンデンサーです。ほかのコンデンサーに比べて、非常に大きな静電容量を持ちます。タンタル製のものはアルミ電解コンデンサーよりも、体積あたりで大きな静電容量と長い寿命を持ちますが値段も高価です。ほとんどの電解コンデンサーには<u>極性</u>がありますので、正しい向きで回路に配置しなければいけません。

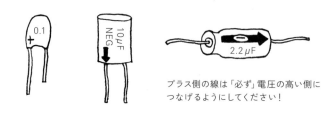

プラス側の線は「必ず」電圧の高い側につなげるようにしてください！

□ コンデンサー記号

固定　　　　固定（極性のあるもの）　　　　可変

□ 注意！

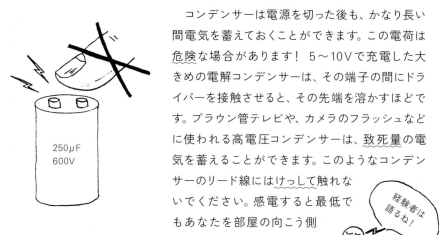

コンデンサーは電源を切った後も、かなり長い間電気を蓄えておくことができます。この電荷は<u>危険な場合があります！</u> 5〜10Vで充電した大きめの電解コンデンサーは、その端子の間にドライバーを接触させると、その先端を溶かすほどです。ブラウン管テレビや、カメラのフラッシュなどに使われる高電圧コンデンサーは、<u>致死量の電気</u>を蓄えることができます。このようなコンデンサーのリード線には<u>けっして触れない</u>でください。感電すると最低でもあなたを部屋の向こう側にふっとばしますよ！

経験者は語るね！

コンデンサーの使い方

□ 並列回路
　よく、コンデンサーは並列につながれます。こんな感じです。

　<u>全体の静電容量</u>は、個々のコンデンサーの容量を足したものになります。

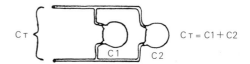

□ 直列回路
　コンデンサーは直列につながれることもあります。こんな感じです。

　<u>全体の静電容量</u>は、2つのコンデンサーの容量をかけたものを、容量の合計で割ったものになります。

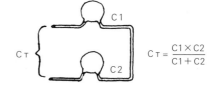

　3つ以上のコンデンサーが直列につながれている場合は？ その場合、式はこうなります。

$$C_T = \frac{1}{\frac{1}{C1} + \frac{1}{C2} + \frac{1}{C3}}$$ ……などです。

□ さらに
　コンデンサーの使い方にはたくさんの種類があります。いくつかは次のページで紹介しています。

抵抗とコンデンサーを使った装置

　抵抗とコンデンサーは、多くの電子回路で重要な部品となっています。その理由は……

□ 電源のノイズ除去

　コンデンサーは、パルス電圧をなめらかにし（フィルタリングし）、電源からの交流電圧を安定した直流電流（DC）にします。

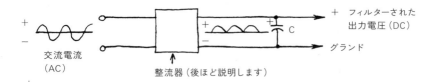

□ スパイクの除去

　デジタル論理回路（これについては、後ほど詳しく説明します）は、オンとオフの切り替えや、その逆の時、瞬間的に大量の電流を使います。この影響で、周辺回路の電源電圧が、瞬間的にではありますが、大きく減少してしまいます。この電源のスパイク（グリッチとも呼ばれます）は小さなコンデンサー（0.1μF）を、論理回路の電源の間に入れることで取り除くことができます。

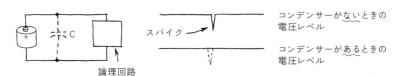

□ AC-DC 選択フィルター

　安定した直流信号の上に、電気信号を乗せることがあります。たとえば、光を使った通信の信号は、暗いときにこのように見えます。

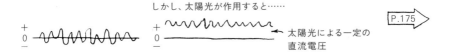

　コンデンサーは変動信号のみを通し、一定している直流電流を完全に遮断します。

□RC回路

　抵抗（R）とコンデンサー（C）を組み合わせた、2つの回路は、非常に重要です。これらは、積分回路や微分回路と呼ばれ、どちらも入力信号のパルスや波形を加工するのによく使われます。

　このような回路において、RとCの値の積を、RC時定数と呼びます。以下に示す回路では、RC時定数（数秒）は、入力される波形やパルスの周期の10倍以上の値としています。

1. 積分回路：基本的なRC積分回路

　入力パルスのスピードが早くなった場合、出力波形（ノコギリ波と呼ばれることがあります）は、入力時の波形の最大の高さ（振幅）に到達しなくなります。必要な振幅よりも小さな波形を無視する増幅器は簡単に作ることができます。したがって積分回路は、特定の周波数以下の信号だけを通すフィルターとして働きます。

2. 微分回路：基本的なRC微分回路

　この回路はプラスとマイナスのどちらにも、対照的なするどいピークを持つ出力波形を作り出します。これはテレビ受像機や、デジタル論理回路のトリガーに使われる狭帯域のパルスを発生させる装置として使われます。

049

□ RC回路について、もう少し

電子回路の資料などで、RC時定数を用いて、さまざまな説明をしている場合があります。これは、充放電が63.3%に達するまでの時間を秒で表しているのです。

コイル

電子が導線の中を移動すると、導線の周りに電磁界ができます。1章で紹介したとおり、コイル状の導線に電流が流れると（021ページ）、コイルはさらに強い電磁界を作ります。この電磁界がソレノイドやモーター、電磁石を実現しています。コイルには、ほかにも以下のような重要な特性があります。

1. 安定した直流電流がコイルを自由に流れる一方、電流の急激な変化に逆らいます。こんな感じです。

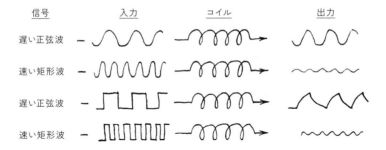

コイルは矩形波を通す時に、しばしばリンギングを発生させます。これはコイルの端に接続された、外部にある電流経路の抵抗値が高いときに起こります。

2. コイルの周りの磁界は、近くに置かれた別のコイルに、ある種のエネルギーを<u>誘導</u>（転送）することができます。これは、<u>トランス</u>の基本です。

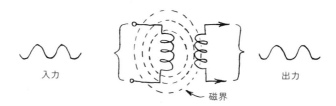

入力　　　磁界　　　出力

入力側のトランスは、<u>1次コイル</u>と呼ばれます。出力側のコイルは、<u>2次コイル</u>と呼ばれます。

□ コイルの種類

さまざまな種類のコイルがありますが、ここではいくつかをご紹介します。

同調コイル

ラジオには特定の信号を選ぶために、さまざまなコイルが使われています。同調コイルには、一連のタップもしくは、可動する芯があります。<u>インダクタンス</u>*を変化させることができ、それにより<u>共振周波数</u>を変えることができます。

* 電流の変化に対する抵抗のこと

一般的な同調コイル　　コア（芯）調整ネジ　　端子　　コイル巻線

アンテナコイル

信号を拾うために、ラジオには幅広く調整できる同調コイルがよく使われます。

一般的なアンテナコイル

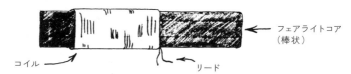

コイル　　リード　　フェアライトコア（棒状）

051

チョークコイル

　変動信号を遮断したり制限したりする一方、安定した直流電流を通すために、多くの回路で使われています。チョークコイルにはさまざまな形や大きさがあります。

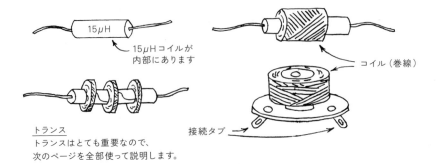

□ コイルの応用

　いままでの説明に加え、コイルは特定の周波数帯を選んで通過させるフィルターとしても使われます。

□ 注意！　チョークコイルの電流の流れが遮断されるとき、高電圧のパルスが発生することがあります。気を付けてください。

トランス

　トランスは、鉄板を貼り合わせて作られた芯の周りに、2つ以上の巻線を巻きつけた大型のコイルです。

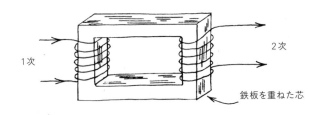

1次コイルを流れる電流が変動すると、電流が2次コイル側の巻線に誘導されます。一定した直流電流はコイルからコイルへ誘導されません。

□ その働きは？
　トランスは、電圧と電流を高くあるいは低く変換できます。何もないところから電力を作ることは、もちろんできないので、トランスで信号の電圧を大きくすると電流は減少してしまいます。逆に信号の電圧を小さくすれば、電流は増加します。言い換えれば……トランスからの出力電力は入力電力を超えることはないのです。

□ 巻数比
　1次コイルと2次コイルの巻き数の比率は、トランスの電圧比を決定します。

1:1の比率

1次コイルの電圧（1次電圧）と電流（1次電流）は、2次コイルにそのまま誘導されます。これは、しばしば絶縁トランスと呼ばれます。

増加

電圧は、巻数比によって増加します。すなわち、1:5の巻数比であれば、1次コイルの時に5Vだった電圧を、2次コイルで25Vに増加します。

低下

電圧は、巻数比によって低下します。すなわち5:1の巻数比のとき、1次コイルで25Vだった電圧は、2次コイルで5Vに低下します。

□ トランスの種類と応用
　ここでは、よく使われるトランスの種類をいくつかご紹介します。

絶縁トランス

スタンダード 1:1
絶縁

回路のそれぞれの
部分を絶縁し、
電気のショックから
保護するために
使われます

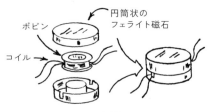

小型 1:1
絶縁トランス

電力変換

電力トランス

電線からの電気の
電圧を、使用可能な
レベルまで
下げるのに
よく使われます

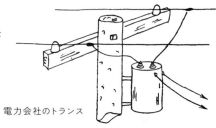

電力会社のトランス

高電圧用トランス

自動車の
イグニッション
コイル

ガソリンエンジンに
点火するための火花を
作るために使われます。
また、テレビのブラウン管や、
ある種のレーザー、
ネオン管などにも使われます

テスラコイル

オーディオトランス

タップ付きの
1次と2次の巻線

マイクやスピーカーなどの
機器からの信号を増幅する時に、
インピーダンス*を整合させる
のに使われます

*交流電流の流れをさまたげる
性質のことです

メモ：トランスのリード線は
カラーコードになっています

小型

3章 | 半導体
SEMICONDUCTORS

電子部品の中でもとりわけ魅力的で、重要なものは<u>半導体</u>と呼ばれる、結晶で作られた部品です。条件によって、半導体は導体のようにふるまったり、絶縁体のようになったりします。

シリコン

半導体となる材料はたくさんありますが、砂に多く含まれるシリコン（ケイ素）は、もっともよく使われるものです。

シリコンの原子の最外殻は4つの電子を持ち、可能であれば電子の数を8つにしようとします。そのため、シリコン原子は近くにある4つの原子とつながって、電子を<u>共有</u>します。

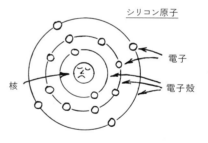

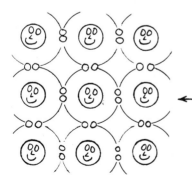

外側の電子を共有するシリコンの集合は、規則的な<u>結晶</u>と呼ばれる構造になります。

← これはシリコン結晶を拡大したところです。わかりやすくするために、それぞれの原子が共有する外側の電子だけを描いています。

なんとシリコンは、地球の地殻の27.7%に含まれているのです！ これ以上含まれている元素は酸素だけです。ただし、シリコンは、純粋な状態では自然界に存在しません。シリコンは精錬されると、灰色をしています。

シリコンとダイヤモンドは、同じ結晶構造といくつかの共通する性質を持っています。しかし、シリコンは透明ではありません。

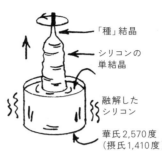

シリコンは大きな結晶を作ることができます。そこから電子部品に使うシリコンウェハを切り出します。

☐ シリコンのレシピ

高純度のシリコンは、あまり使い勝手がよくありません。そのため、シリコンの製造元では、リンやホウ素、そのほかの材料からなるスパイスをひと振り、シリコンのレシピに加えています。これをシリコンに<u>ドーピング</u>するといいます。シリコンが結晶に成長するとき、ドーピングするととても便利な電気的性質を持つのです！

☐ P＆Nスパイス入り「シリコン」ローフ

ホウ素やリンや、そのほか一部の原子は、シリコン原子と結びついて結晶を形成します。ここで面白いことがあります。ホウ素の原子は、最外殻に<u>3つの電子しか</u>持ちません。いっぽうリンの原子は、最外殻に<u>5つの電子</u>を持っています。シリコンと、余分な電子を持つリンの原子でできた結晶を、<u>N型半導体</u>（NはNegative）と呼びます。シリコンと、電子が足りないホウ素でできた結晶を、<u>P型半導体</u>（PはPositive）と呼びます。

□ P型半導体

シリコン原子の結晶の中に含まれるホウ素の原子は、正孔と呼ばれる電子のすき間を残しています。近くの原子が持つ電子は、この正孔に「落ち込む」ことができます。そのため、正孔は別の場所に移動していきます。正孔は、シリコンの中を移動できる、ということを覚えておきましょう（ちょうど、水の表面を移動する泡のようなものです）。

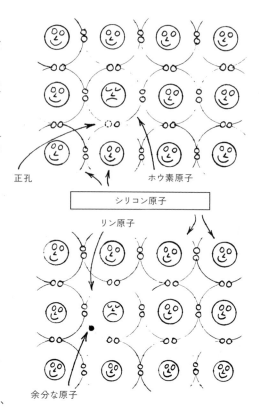

□ N型半導体

シリコン原子の結晶に含まれるリンの原子は、余分な電子を提供します。この余分な電子は、比較的簡単に結晶の中を移動できます。言い換えれば、N型半導体は電流を流すことができるということです。そしてP型半導体も同じです！ 正孔も、電流を「流す」ことができるのです。

ダイオード

P型半導体も、N型半導体も、どちらも電流を通します。いずれの抵抗値も、正孔と余分な電子の割合で決まってきます。そのため、いずれも抵抗の機能を持ち、どんな方向へも電流を通します。

N型半導体のチップの中にいくらかのP型半導体を形成すると、電子は一方向だけに流れるようになります。これがダイオードの基本です。このPとNの接触面をPN接合と呼びます。

□ ダイオードの働き

　これは、どのようにダイオードが一方向に電流を流し（順方向）、逆方向に流れる電流をさえぎるのか（逆方向）の簡単な説明です。

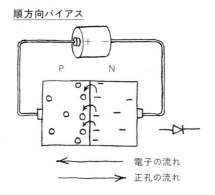

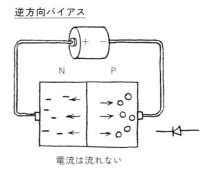

　ここでは、電池の電荷が正孔と電子を跳ね飛ばし、接合部に押し付けます。もし電圧が0.6V（シリコンの場合）を超えると、電子は接合部を通り抜け、正孔と結合します。そのため、電流が流れます。

　ここでは、電池の電荷が正孔と電子を引きつけ、接合部から遠ざけます。そのため、電子は流れません。

□ 一般的なダイオード

　通常、ダイオードは、小さなガラス管の中に収まっています。黒っぽい帯があるほうがカソード端子です。反対側の端子がアノードです。

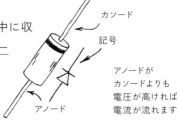

□ ダイオードの働き

　いままでの説明で、ダイオードは電気を一方通行にする弁のようなものであることがおわかりですね。そのほかの働きを理解することも重要です。ここでは、いくつかの重要な点をご説明します。

059

1. ダイオードは、ある一定の値を超えるまで電流を通しません。シリコンダイオードでは、その電圧はおよそ0.6Vです。

2. もし順方向電流が超過すると、半導体素子は割れるか、溶けてしまいます！ そして接合部が分離してしまいます。もし素子が溶けると、急速に両方向に電気を通すようになります。その結果、熱くなりすぎて素子が蒸発してしまいます！

3. 過度の逆電圧を加えると、ダイオードは間違った方向に通電します。この逆電圧はかなり高いため、電流が突発的に流れダイオードを破壊してしまいます。

□ダイオードの働きのまとめ

このグラフは、ダイオードの働きについてまとめたものです（おおよその値です）。

V_F = 順方向電圧
V_R = 逆方向電圧
I_F = 順方向電流
I_R = 逆方向電流

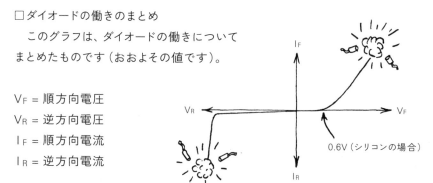

□ ダイオードの種類

ダイオードにはさまざまな種類があります。ここでは、主なものをご紹介します。

小信号用ダイオード

小信号用ダイオードは、低い交流電流を直流電流に変圧するのに使われます。ラジオ信号を調べたり（検波）、電圧をかけ合わせたり、論理回路を実行したり、スパイク電圧を吸収したり、といったことに使われます。

整流用ダイオード

小信号ダイオードと同じ機能を持ちますが、整流用ダイオードははるかに多くの電流を扱うことができます。発生する熱を吸収して金属のヒートシンクに移すために、大きな金属のケースに収められています。主に電源に使われます。

ツェナーダイオード

ツェナーダイオードは、特定の逆降伏電圧を持つように設計されています。そのため電圧に反応するスイッチのような機能を持ちます。ツェナーダイオードは、2Vから200Vまで対応する降伏電圧（Vz）を持ちます。

発光ダイオード

すべてのダイオードは順方向バイアスをかけると電磁波を発生します。ダイオードが、特定の半導体（例えばガリウム、ヒ素、リン化合物など）から作られている場合、シリコンダイオードに比べるとかなりの電磁波を発生します。これを、発光ダイオード（LED）と呼びます。

フォトダイオード

すべてのダイオードは光が当たったときに、ある程度の反応を示します。光を検出するように特別に作られたダイオードを、フォトダイオードと呼びます。これらのダイオードに

は、光を通すガラス、またはプラスチックの窓があり、ほとんどのものに、大きく外に出た接合面があります。シリコンは、フォトダイオードに向いています。

□ ダイオードの使い方

9章では、さまざまな種類のダイオードが、さまざまな用途に使われるのを紹介しますが、ここでは小信号ダイオードと整流用ダイオードの最も重要な役割をご紹介します。

□ 半波整流

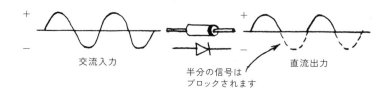

交流信号（または電圧）の波を、一極性の直流信号（または電圧）に整流します。

□ 全波整流

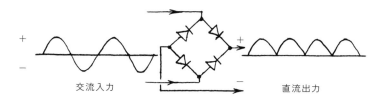

この4つのダイオードの「ネットワーク」（あるいは、ブリッジ整流回路）は、交流信号の正負どちらも整流します。

□ 電流の流れる方向について、もっと詳しく

電流とは、導体や半導体の中を電子が移動する動きのことでした。電子はマイナスからプラスへと移動しているのに、なぜダイオード記号の矢印の頭が逆の方向を向くのでしょうか？　これには、2つの理由があります。

1. ベンジャミン・フランクリンの時代から、慣習的に電気はプラスからマイナスの領域に流れるとされてきました。これは、電子の発見によって誤りとされました（しかし今日でも、ほとんどの電子回路図は、まるで重力で電流が流れるかのように、プラスの電源をそれより低い電圧接続部の上に配置する古い慣習を引きずっています）。

2. 059ページで紹介したように、半導体の中で正孔は、電子の流れと逆の方向に流れます。そのため、半導体の中をプラスの電荷が流れる、とすることが一般的になっています。

正確を期するため、この本では「電流の流れ」は電子の流れの意味として使っています。ですが、正孔の移動にもとづいている回路記号はそのままの形で使用しています。

トランジスター

トランジスターは、3本の端子が付いた半導体素子です。1本の端子から入力される小さな電流や電圧で、他の2本の端子を流れるもっと大きな電流をコントロールできます。これによって、トランジスターはアンプやスイッチとして使うことができるのです。トランジスターには、バイポーラとFET（Field Effect Transistor：電解効果トランジスター）という2つの主な種類があります。

バイポーラトランジスター

PN接合ダイオードに2つ目の接合を加えれば、3層のシリコン製のサンドイッチのできあがりです。このサンドイッチはNPNまたはPNPとなります。いずれにしても、真ん中の層はこの3層を流れる電流をコントロールする蛇口や弁のように働きます。

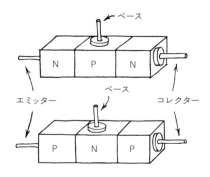

□ バイポーラトランジスターの働き

バイポーラトランジスターの3つの層は、それぞれエミッター、ベース、コレクターと呼ばれます。ベースはとても薄く、そしてエミッターやコレクターよりも、ドーピングされている原子が少なくなっています。そのため、エミッターからベースへと流れる微弱な電流が流れると、エミッターからコレクターへ、とても大きな電流を流すことができるのです。

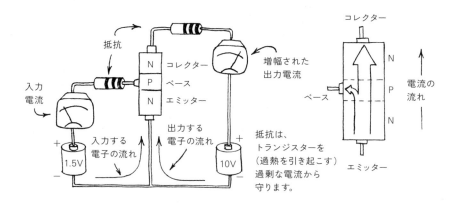

□ バイポーラトランジスターの働きについて、もう少し

　トランジスターには、ダイオードと共通するいくつかの重要な特徴があります。

1. ベース - エミッター接合（またはダイオード）は、順方向電圧が0.6ボルトを超えるまで電流を流しません。

2. 過剰な電流を流すとトランジスターは過熱し、正常に働かなくなります。もし触ったときにトランジスターが熱くなっていたら、電源をすぐに切ってください！

3. 過剰な電流、もしくは電圧はトランジスターの材料となる半導体素子にダメージを与えたり、完全に壊したりしてしまいます。もし外側が傷ついていないとしても、内部にある小さな接合端子が溶けているか、素子から外れてしまっていることもあります。また、絶対にトランジスター各端子を間違えないように注意してください！

□ トランジスターの種類

　トランジスターにはたくさんの種類がありますが、ここでは最も重要なものをご紹介します。

小信号の増幅とスイッチング用トランジスター

　小信号トランジスターは、小さな信号を増幅するために使われます。スイッチング用トランジスターは完全にオンやオフの状態となるように設計されています。いくつかのトランジスターは、増幅もスイッチングもできます。

パワートランジスター

パワートランジスターは大きな電力の増幅や、電源に使われています。サイズが大きく、金属の被覆によって、熱を逃がすようになっています。

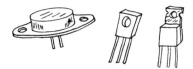

高周波トランジスター

高周波トランジスターはラジオやテレビ、電子レンジなどで使われる周波数で動作することができます。ベースの部分はとても薄く、素子自体もとても小型です。

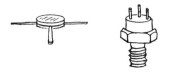

□ バイポーラトランジスターの回路記号

矢印の方向は、正孔の流れを示しています。

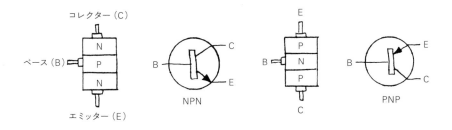

□ バイポーラトランジスターの使い方

NPNトランジスターのベースが、グランド（0V）に接続している場合、エミッターからコレクターには電流が流れません（トランジスターは「オフ」となります）。もし、ベースに0.6ボルト以上の順方向バイアスが加えられた場合、エミッターからコレクターに電流が流れます（トランジスターは「オン」となります）。この2つの状態だけで操作される場合、トランジスターはスイッチとして機能します。バイアスされていると、エミッター・コレクターの電流は、ベースを流れる微弱な電流の変化に従います。この場合、トランジスターはアンプとして機能します。

この動作は、エミッターの入力と出力の両方ともグランドにつなげられている、エミッター接地（共通）回路と呼ばれるトランジスターにも当てはまります。いくつか、簡単なエミッター接地回路を以下で紹介しますので、実際の回路でどのように使われるかわかると思います。以下の例は9章で紹介する実用的回路の例を元にしています。

□ バイポーラトランジスタースイッチ

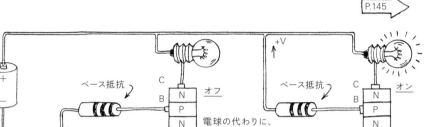

　入力は2種類のみ。つまりグランド（0V）と、電池のプラス電圧（+V）です。それによってトランジスターはオンとオフになります。一般的にベース抵抗は、5,000から10,000Ωとします（もし抵抗を導線に置き換えれば、電球をかなり離れた場所からオンオフできます）。

□ バイポーラトランジスター直流増幅回路

　可変抵抗は、トランジスターに順方向バイアスを加え、それにより入力電流（ベース・エミッター）をコントロールします。メーターは、出力電流（コレクター・エミッター）を表示します。直列につないだ抵抗は、過剰な電圧からメーターを守ります。

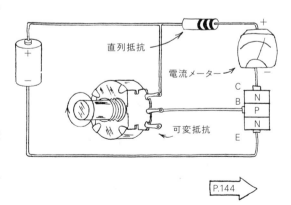

目的に応じて可変抵抗を、温度や光、湿度などで抵抗値が変わる部品を直列につないだものに取り換えてもよいでしょう（水は144ページで紹介している水分計で、可変抵抗として使われています）。入力信号が急激に変わる場合、交流電流のアンプは以下のようなものが使われます。

□ バイポーラトランジスター交流増幅回路
　これは、いくつかの基本的な交流増幅回路の中でもっとも単純なものです。入力コンデンサーは入力信号にあるすべての直流をブロックします。

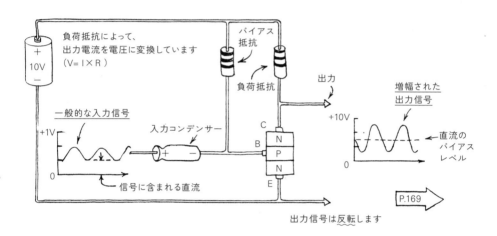

　バイアス抵抗は、電源の電圧の、約半分の出力電圧を出すように選ばれています。増幅された信号は、一定の出力電圧の上に「乗り」、その上と下で変化します（バイアス抵抗がない場合、0.6V以上の［060ページ］プラスの入力信号だけが増幅されます。これはひどい歪みを発生させてしまいます）。このアンプが使われている回路の一例は、174ページの「出力」で紹介している、光波送信器で見ることができます。

電界効果トランジスター（FET）

　電界効果トランジスター（FET）は今日では、バイポーラトランジスターよりもさらに重要な部品となりました。このトランジスターは、バイポーラトランジスターよりも少ないシリコンから簡単に作ることができます。FETには、接合型FET（JFET）と金属酸化膜半導体（MOSFET：Metal Oxide Semiconductor）の主要な2種類があります。どちらも小さい入力電圧で動き、そして実際に使うときには、電流を使わずに出力電流をコントロールできると見なすことができます。

接合型FET（JFET）

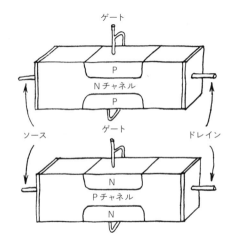

　この2種類のFETは、NチャネルとPチャネルです。チャネルは、ソースからドレインへの電流が通るシリコンでできた抵抗のようなものです。ゲートからの電圧が、チャネル抵抗を増加させ、ドレイン・ソース間電流は減少します。そのためFETはアンプやスイッチのように使うことができるのです。

□ 接合型FETの働き
　次は、NチャネルFETの働きを表した装置です。ゲートに負の電圧がかかると、チャネルはP型半導体の周囲に抵抗値の高い領域（フィールド）を2カ所作り出します。ゲートの電圧が減ると、この2つのフィールドがつながって、電流を完全に遮断します。このとき、ゲートチャネルの抵抗値はとても高くなります。

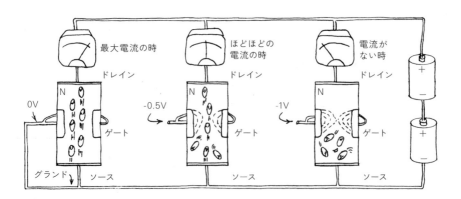

□ 接合型FETについてもっと詳しく

　接合型FET（JFET）は電圧でコントロールできるため、電流でコントロールするバイポーラトランジスターよりも、いくつかの重要な長所を持っています。

1. JFETのゲートとチャネル間の抵抗はとても高くなります（数百万Ω）。そのため、ゲートに接続している回路や、他の部品にほとんど影響を与えません。

2. ゲートとチャネル間の抵抗がとても高くなる、ということは実用上、ゲートには電流が流れない、ということです（なぜ抵抗値がそんなに高くなるのでしょうか？　ゲートとチャネルはダイオードを構成しています。ダイオードの入力信号が逆バイアスのあいだは、ゲートはとても高い入力抵抗値となります）。

3. バイポーラトランジスターと同じく、JFETは過剰な電圧や電流によってダメージを受け、壊れてしまいます。

□ 接合型FETの種類

　JFETはさまざまな種類の機器に使われています。高出力をする役目はないので、プラスチックか金属の小さなケースに収まっています。こんな感じです。

<u>小信号用、スイッチング用</u>

　小信号JFETは、アンプの入力段を高い抵抗値にするときに使われます。スイッチとして使うこともあります。

<u>高周波用</u>

　高周波JFETは高周波信号の増幅や、生成のために使われます。

□ 接合型FETの記号

　ゲート同士は内部的につながれています。

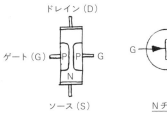
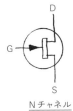
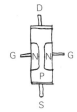
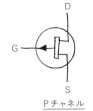

Nチャネル　　　　　　　　　　Pチャネル

MOSFET
（Metal Oxide Semiconductor：金属酸化膜半導体FET）

　金属酸化膜半導体FET（以下、MOSFET）は、最も重要なトランジスターでしょう。ほとんどのマイコンやメモリーなどのICは小さなシリコンの上に、何千ものMOSFETを並べたものです。なぜこんなに使われているのでしょうか？ MOSFETは、簡単に作ることができ、そしてとても小さくできて、さらにそのうちのいくつかは、わずかな電力で動作するからです。新しく登場した電力用MOSFETもまた、とても便利です。

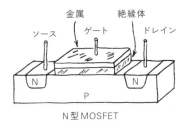

N型MOSFET

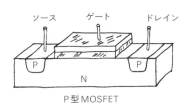

P型MOSFET

□ MOSFETの働き

　MOSFETはN型かP型です。接合型FETとは異なり、MOSFETのゲートは、ソースにもドレインにも電気的に接触していません。ガラスのような二酸化ケイ素（絶縁体）の層が、ゲートの金属端子と、トランジスターのほかの部分を分離します。

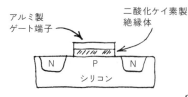

　ゲートに正の電圧をかけると、ゲートの下の領域に電子が集まります。これにより、ソースとドレインの間のP型シリコンに、薄いN型のチャネルを作り出します。電流はチャネルを通り抜けることができます。ゲート電圧によって、チャネルの抵抗値が決定します。

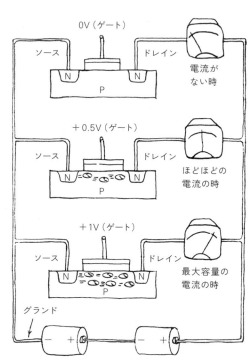

□ MOSFETについてもっと詳しく

　MOSFETの入力抵抗値は、どんなトランジスターよりも高くなっています。これに加え、MOSFETは以下に上げるような重要な利点を持っています。

1. ゲートとチャネル間の抵抗値には、ほとんど無限大です（一般的には 1,000,000,000,000,000Ω）。このことは、ゲートに回路にほかの部分から電流がないということです（まあ、数兆分の1Aほどは流れるかもしれません）。

2. MOSFETは、電圧でコントロールできる抵抗として機能します。ゲート電圧で、チャネル抵抗値を変化させることができるのです。

3. 新しいタイプのMOSFETは数百万分の1秒ほどで、とても大きな電流をスイッチングできます。

□ 注意

ゲートの下にある二酸化ケイ素の膜はとても薄いので、高い電圧や静電気によって破れてしまうことがあります。洋服やセロファンの包みなどに帯電した静電気でも、MOSFETに衝撃を与えてしまうのです！

衝撃を受けたMOSFET　注意信号

□ MOSFETの種類

JFETと同じように、金属、あるいはプラスチックの小さなケースに入っているMOSFETは、アンプの入力段を非常に高い入力抵抗にするときに使われます。そのほかに、電圧でコントロールできる抵抗やスイッチとしても使われます。もっとも重要なものは、パワーMOSFETです。

パワーMOSFET

数Vの電圧でも、とても速い速度で、大電流をスイッチングしたり増幅したりすることができます。

□ MOSFETの回路記号 ── 以下はとても一般的な回路記号です。

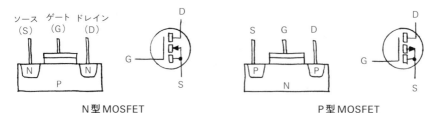

N型MOSFET　　　　　　　　　　　　P型MOSFET

□ FETの使い方

電界効果トランジスターはアンプとして、スイッチとして、そして電圧でコントロールできる抵抗として使われます。ここでは、いくつかの一般的な回路による装置をご紹介します。

□ JFET電位計

この最高にシンプルな回路は、016ページにあった検電器の電子版です。NチャネルJFETのゲート端子は、何も接続しないでおきます。通常、電流はソースからドレインに向かって流れます。マイナスに帯電した物（髪の毛をとかした後のプラスチックのクシなど）をゲートに近づけると、電流の流れは減少するか止まってしまいます。

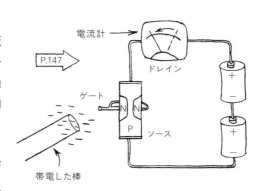

□ MOSFET電球ドライバー

パワーMOSFETが、電球や直流で動く装置をどのようにスイッチングするのか、この回路で確認することができます。パワーMOSFETの入力抵抗は、ほとんど無限大であるため、微弱な入力信号でスイッチの役割をさせることができます。

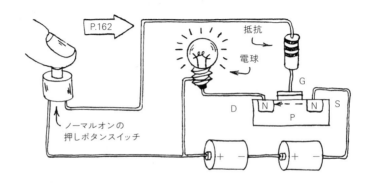

□ MOSFET電球調光器

　この回路では、パワーMOSFETは電圧をコントロールするための抵抗として使われています。

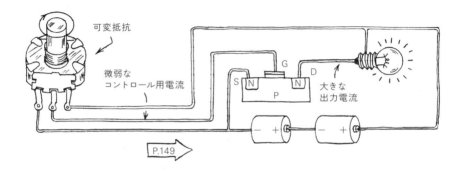

ユニジャンクション・トランジスター（UJT）

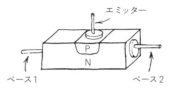

　ユニジャンクション・トランジスターは、実はトランジスターではありません。むしろ、2つのカソード端子を持ったダイオードに近いものです。これは電圧でコントロールできるスイッチのように使われますが、信号などを増幅することはありません。*

* 訳注：日本国内で生産されていたUJTは、現在すべてが廃盤となったため、入手が難しくなっています。

□ UJTの働き

通常、微弱な電流がベース1からベース2に向かって流れます。エミッターに供給される電圧が一定のしきい値（数V）に達すると、UJTはオン状態に切りかわり、ベース1からエミッターに大きな電流が流れます。しきい値の電圧以下になる場合は、ベース1からエミッターへは電流は流れません。

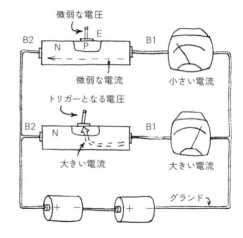

□ UJT回路記号

UJTの回路記号は、JFETの回路記号に似ています。

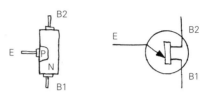

□ ユニジャンクション・トランジスターの使い方

UJTによって、発光ダイオード（LED）が点滅する装置です。UJTのトリガー電圧に達するまで、コンデンサーに電流が流れます。（トリガー電圧に達して、UJTがオンになると）コンデンサーの電流は、LEDを通って放出されます。LEDは、コンデンサーの電気がなくなるまで光ります。この充電と放電のサイクルが繰り返されます。

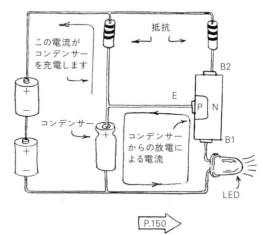

サイリスター

サイリスターは、3つの端子を持つ半導体素子です。1つの端子から入力されたわずかな電流は、残り2つの端子に、大きな電流を流すことができます。このコントロールされた大きな電流はオンとオフのいずれかの状態になります。そのためサイリスターは、トランジスターのように変動する信号を増幅することはありませんが、ソリッドステート・スイッチとなります。サイリスターには、シリコン制御整流子（以下、SCR）とトライアックの2つの種類があります。SCRは直流電流をスイッチングでき、トライアックは、交流をスイッチングできます。

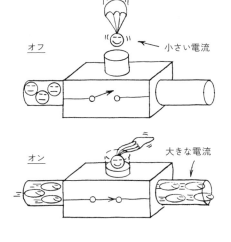

SCR（シリコン制御整流子）

SCRは、4つ目の層があるバイポーラトランジスターのような形をしていて、3つのPN接合があります。電流を一方向にしか流さないため、4層のPNPNダイオードとよばれることもあります。

□SCRの働き

SCRのアノードが、カソードより電圧が高い場合、一番外側にある2つのPN接合は、順方向バイアスとなります。しかしながら、PN接合の中央部分は逆方向バイアスとなり、電流は流れません。ゲートからの小さな電流により、PN接合の中央部分は順方向バイアスになり、もっと大きな電流が回路の中を流れるようになります。ゲート電流がなくなっても、（電力が切断されるまで）SCRはオンのままです！

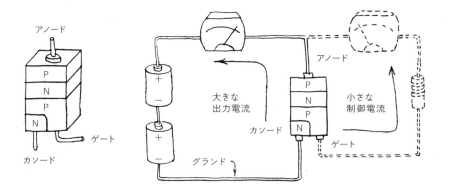

□SCRの種類

　SCRは、スイッチングできる電流に応じて種類が分けられています。ここでは3つの一般的な種類を紹介します（他にもたくさんの種類があります）。

小電流

　小電流SCRは、1Aまでの電流と100Vまでの電圧をスイッチングします。

中程度の電流

　これらのSCRは、10Aまでの電流と100Vまでの電圧をスイッチングします。よく見る使い方の1つに、自動車エンジンのソリッドステート・スイッチがあります。

大電流

　これらのSCRは、2,500Aまでの電流と数千Vまでの電圧をスイッチします！ モーターや照明、家電などの制御に使われます。

□SCR回路記号

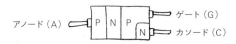

□ SCRの使い方

　これは、SCRが白熱電球を、どのようにスイッチングするのか確認する装置です。白熱球以外にも、さまざまな機器を制御できます。

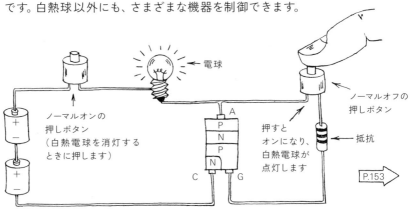

トライアック

　トライアックは、2つのSCRを並列につなげたものと同じです。つまりトライアックは、直流も交流もどちらもスイッチングできるのです。トライアックには5層の領域と、それ以外のN型の領域があることにお気づきでしょうか（イラスト参照）。さらに、3つの端子それぞれ全部が、NとPの2つの層にまたがっていることにも注目してください。

□ トライアックの仕組み

　トライアックを構成している2つのSCRは、お互いが逆方向（逆並列）につながれています。交流をスイッチングするときには、ゲートに電流が流れているときだけトライアックはオンとなります。ゲートの電流がなくなると、交流電流が0Vをまたいだときにオフになります。

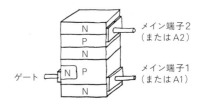

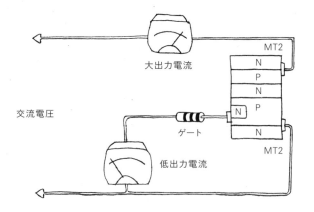

□ トライアックの種類

　SCRのようなトライアックは、スイッチできる電流の種類によって分類されています。トライアックは大電流SCRのような、大きい電力には対応していません。ここでは2つの種類をご紹介します。

小電流用
　1Aまでの電流、数百Vまでの電圧をスイッチングします。これ以外の形のものもあります。

中程度の電流用
　40Aまでの電流、1,000Vまでの電圧をスイッチングします。これ以外にもたくさんの形があります。

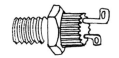

□ トライアック回路記号

　トライアックは、2つの逆並列SCRと同じものだと覚えておきましょう。つまり以下の記号であらわされます。

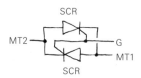 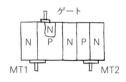 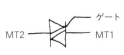

□ トライアックの使い方

これは、トライアックが家庭用電源につながれた電球を、どのようにスイッチングするのか確認する装置です。モーターや他の装置なども制御できます。

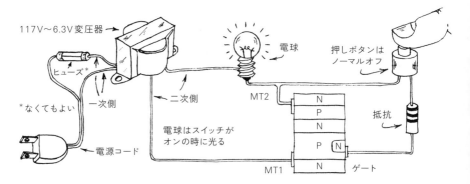

注意：この装置を組み立てないでください　P.154

2端子サイリスター

　SCRやトライアックは、ほかの2つの端子の電圧が、一定のレベル（降伏電圧）に達すると、ゲート信号なしでスイッチをオンにします。この自動スイッチングの機能によって2端子サイリスターを作ることができます。

4層ダイオード

　ゲートを持たないSCRです。直流電圧をスイッチングすることができます。

ダイアック

　ベース端子を持たないPNP接合トランジスターに似た、3層の半導体からなる素子です。交流電圧をスイッチングすることができます。

4章 | 光半導体
PHOTONIC SEMICONDUCTORS

フォトニクスは、エレクトロニクスにおける成長分野です。光を放ったり、感知するような半導体素子もこの分野に含まれます。いくつかのフォトニクス部品を紹介する前に、まずは光の性質についてざっと確認しておきましょう。

光

「光あれ……」

光は、光子（フォトン）と呼ばれる、エネルギーの波のようにふるまう粒子でできています。光子は、すべてが目に見えるわけではありませんが、目に見えるものをまとめて、光と呼んでいます。光子は、高いエネルギー準位に励起した電子が、通常の状態に戻る時に発生します。

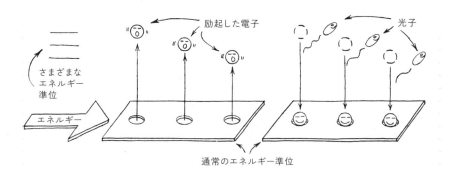

光子は、まるで波のようにふるまう、ということを覚えておきましょう。波の頂点の間の距離は波長です。高いエネルギー準位に励起すればするほど、電子は短い波長の光子を放出します。

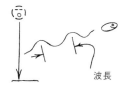
波長

励起した電子はみずから通常の状態に戻りますが、適切な波長の光子によって刺激を受けると、励起した電子が、元のエネルギー準位に戻ることもあります。

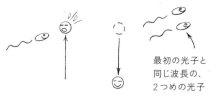
最初の光子と同じ波長の、2つめの光子

□ 電磁スペクトラム*

可視光線は、電磁波です。光の波長はナノメートルで表されます（1ナノメートルは、10億分の1メートルです）。以下の表は、光と、その他の電磁波の関係を表したものです。

* 訳注：スペクトラムは、特定の周波数の範囲を表す言葉です。

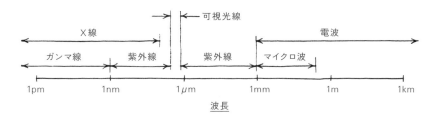

1pm = 1ピコメートル（0.000.000.000.001メートル）
1nm = 1ナノメートル（0.000.000.001メートル）
1μm = 1マイクロメートル（0.000.001メートル）
1mm = 1ミリメートル（0.001メートル）
1m = 1メートル（39.37インチ）
1km = 1キロメートル（1000メートル）

この幅は1ミリメーター（1mm）を表しています。

□ 光スペクトラム*

電磁波のうち、紫外線、可視光線、赤外線の範囲を<u>光スペクトラム</u>と呼んでいます。以下は光スペクトラムを拡大した表です。

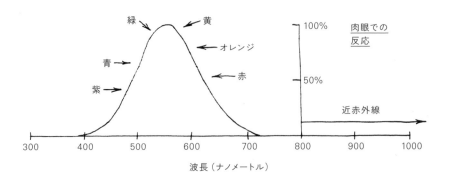

多くの光半導体は<u>近赤外線</u>を放出、あるいは検出します。例えば、シリコンは可視光線を検出することもできますが、もっとも良く反応するのは、880nmの近赤外線です。多くのフォトニック部品は可視光線も、近赤外線もどちらも扱うことができますが、近赤外線を光として利用するのが一般的です。

光学部品

光学部品は、光を透過したり、屈折させたり、その特性を変えることができます。フォトニクス部品を利用する時に役立つものを以下で紹介しましょう。

1. フィルター

    フィルターは、可視光線の狭い帯域だけを通します。

2. リフレクター

　入射光光線のほとんど、あるいは一部を反射します。

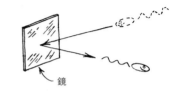

鏡など、滑らかな表面を利用したものを鏡面反射器といいます

3. ビームスプリッター

　一部の入射光を反射し、残りを通します。

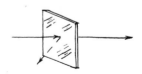

顕微鏡のスライドグラスは、ビームスプリッターを作るのに適しています（どちらの面も4%反射します）

4. レンズ

　レンズは光を屈折します。もっとも重要なものは以下のものです。

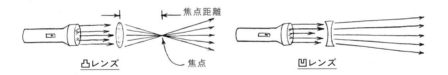

　例えば、凸レンズを使って小さな検出器に向けて光線を集めるなど、多くの場合、半導体の光源とその検出器とあわせて使います。

5. 光ファイバー

　細く柔軟で、とても透明度が高いガラス、あるいはプラスチックでできた光を通す素材です。光は薄いクラッドに覆われたコアを通り抜けて運ばれます。プラスチックファイバーは安価ですが、ガラスファイバーのほうが透明度が高くなってい

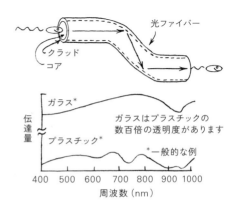

ガラスはプラスチックの数百倍の透明度があります

*一般的な例

周波数（nm）

ます。どちらの光ファイバーも、一部の波長の範囲では、他のどんな素材よりも光を伝えるのに適しています。高品質のファイバーは、電話通話やコンピューターのデータを、光のパルスに変換して送ることに使われます。

凸レンズの使い方

多くの半導体光源や検出器は、凸レンズを備えています。このページでは、光源や検出器に外部レンズがなぜ、どうやって使われているのか紹介します。

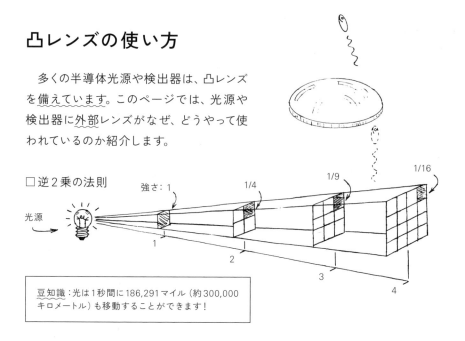

□ 逆2乗の法則

豆知識：光は1秒間に186,291マイル（約300,000キロメートル）も移動することができます！

非常に小さい光源からの光は放射状に広がっていきますが、その光の強さは、距離の2乗に反比例します。つまり距離が3の時の光の強さは、距離が1の時に比べると1/9となります。凸レンズを使うと、このような光の強さの低下を防ぐことができます。

□ 凸レンズ

ラジアン*で表される、光線が拡がる角度（発散）は、光源の直径をレンズの焦点距離で割ったものです。つまり長い焦点距離を持つレンズは、より細い光線を作ることができるのです（とはいえ、長い焦点距離のレンズは、短い焦点距離のレンズよりも集める光の量が少なくなってしまいます……）。

*1ラジアンは、57.3°（円は360°）

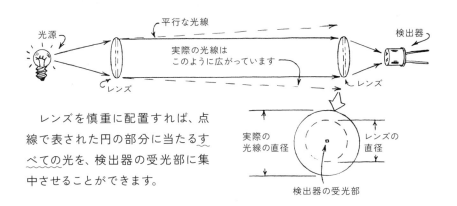

レンズを慎重に配置すれば、点線で表された円の部分に当たる<u>すべての光</u>を、検出器の受光部に集中させることができます。

半導体光源

光や熱、電子やその他さまざまなエネルギーがぶつかると、半導体の結晶は、可視光線あるいは赤外線の光を放ちます。もっとも光を放つ半導体は、PN接合ダイオードでしょう。

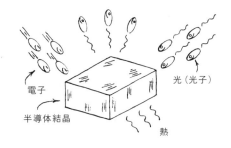

発光ダイオード（LED）

発光ダイオードは、電流の流れを<u>直接</u>光に変換します。そのため、発光ダイオードは、他の光源より効率がよいのです。

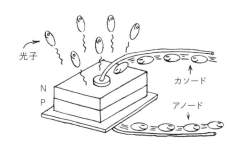

□ LEDの働き

電流が接合部を通るためには、ダイオードの順方向電圧がしきい値を超えていなければなりません。シリコンは0.6Vを超えると、わずかな近赤外線を放ちます。ガリウムヒ素であれば、1.3Vを超えるとかなりの量の近赤外線を放出します。このような電圧は、電子を<u>励起</u>します。電子が接合部を越えて正孔にくっつくとき、光子を放出します。

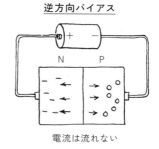

順方向バイアス　　　　　　　逆方向バイアス

光子　←電子の流れ　　　　　　電流は流れない

□ LEDの働きをもう少し

　知っておいたほうがよい重要なLEDの働きについて、ここでご紹介します。

1. 白熱電球が放つ光には、たくさんの波長が含まれていますが、LEDが放つ光の波長の範囲は、<u>狭く</u>なっています（LEDの電子は、すべて同じ準位に励起するからです）。

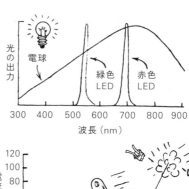

2. LEDに電流が流れはじめると<u>降下電圧は徐々に高くなります</u>が<u>電流は急速に上昇します</u>。過剰な電流はLEDをオーバーヒートさせ、端子が外れたり、半導体素子を溶かす可能性があります。

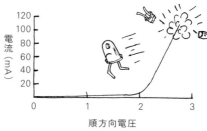

3. LEDが放つ光の強さは、LEDを流れる電流に<u>正比例</u>しています。そのためLEDは情報を伝達するのに向いています。LEDはオーバーヒートすると、光がすぐに<u>減少</u>してしまいます。

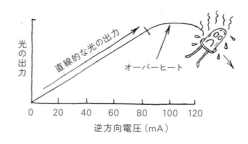

そのような場合、LEDはダメージを受けているでしょう。

4. 順方向電圧とLEDの波長には、直接的な関係があります。そのため電流と電圧を変えないと、LEDを交換できないことがあります。<u>とてもたくさんの種類の半導体が</u>、さまざまなLEDに使われています。可視光線LEDは、最大でも1mW以上か同程度の光を放ちますが、赤外線LEDの一部（880nmのもの）は15mWかそれ以上の明るさで光るのです！（フラッシュライトLEDは、10mW以上で光ります）

波長（nm）	順方向電圧（mA）
565（緑）	2.2 - 3.0
590（黄色）	2.2 - 3.0
615（オレンジ）	1.8 - 2.7
640（赤）	1.6 - 2.0
690（赤）	2.2 - 3.0
880（赤外線）	2.0 - 2.5
900（赤外線）	1.2 - 1.6
940（赤外線）	1.3 - 1.7

□ LEDの種類

　LEDを光源として使うために、LEDを覆うプラスチックや金属のカバーの下に何があるのか知っておくとよいでしょう。このイラストは一般的なLEDを表しています。太い端子は、LED素子から熱を逃がします。リフレクターは、LEDチップのフチから出る光を集めます。LEDが可視光線で光る場合、エポキシ樹脂に色が付けられていることが多くなっています。エポキシ樹脂の部分に、光を拡散させるための粒子が加えられていることもよくあります。これらが光を拡散させ、LEDの表面を明るく光らせるのです。

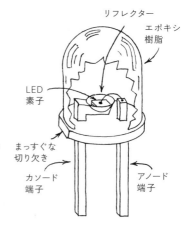

可視光線LED

　安価なLEDで、表示器の明かりなどに使われています。一部の赤色LEDは、情報の通信に使われています。ほとんどのものが

エポキシ樹脂で覆われています。

LEDディスプレイ

数字や文字を表示できる、さまざまな種類のLEDディスプレイがあります。これらは液晶ディスプレイより頑丈ですが、より多くの電流を必要とします。

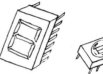

赤外線LED

赤外線LEDは、赤外線放出ダイオードと呼ぶべきでしょう。このLEDは、情報通信に使われています。また防犯アラームや、リモコンなどにも使われます。特殊な赤外線LEDとして、ダイオードレーザーと呼ばれるものがあります。特殊な赤外線LEDのいくつかは、数ワットもの光で輝くのです！

□ LED回路記号

ここで紹介する回路記号は、どちらも使うことができます。

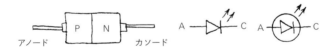

□ LEDの使い方

LEDは連続した電流または、短い電流パルスで光らせることができます。連続して動作させる場合は、電流を変化させて光の出力を変えることもできます。

□ LED駆動回路

LEDは電流の影響を受けるため、過剰な電圧から保護するための直列抵抗が必要です。一部のLEDは、内部に直列抵抗を備えていますが、ほとんど

のものにはありません。ですので、必要な直列抵抗（Rs）を割り出す方法を知っておきましょう。その値を出す方程式は以下のものです。

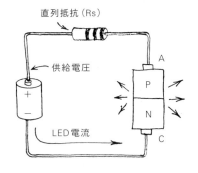

$$Rs = \frac{供給電圧 - LEDの電圧}{LEDの電流} \quad または \quad \frac{V - V_{LED}}{I_{LED}} \quad P.155$$

例：供給電圧が5V、順方向電流（I_{LED}）が10mAの条件で、赤色LEDを光らせたいとします。V_{LED}が、1.7V（データシートを参照）の場合、Rsは、(5-1.7)/0.01 つまり、330Ω となります。

□ LED極性インジケーター

2つのLEDを逆並列に接続すると、極性インジケーターになります。テストする電圧が、交流である場合、どちらのLEDも光ります。直列抵抗を必ず接続してください。

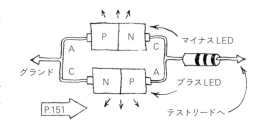

□ パルスLED

赤外線LEDを連続して動かす場合、その最大電流は、100mAです。もし、短い電流パルスを使うのであれば、同じLEDを10Aもの電流で安全に光らせることができます！

メモ：もし、パルス電流が、LEDに定められた最大容量を超えない場合は、直流抵抗は必要ありません。

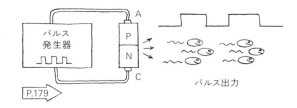

半導体光検出器

半導体の結晶に入ったエネルギーは、電子を高いエネルギー準位へ励起し、正孔ができます。このことが、半導体光検出器の原理になっています。大きく2つのグループに分かれ、PN接合があるものと、ないものがあります。

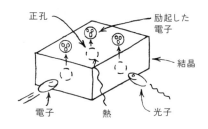

フォトレジスター型光検出器

フォトレジスターは、PN接合がない半導体光検出器です。光がない時、抵抗値がとても高くなります（最大で数百万Ω）。光が当たると、抵抗値はとても低くなります（数百Ω）。

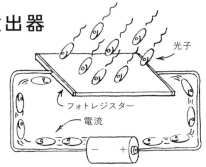

□ フォトレジスターの働き

このイラストは、光子がどのように正孔と電子のペアを生み出すのかを説明しています。外部から与えられた電圧が、正孔と電子を動かすのです。

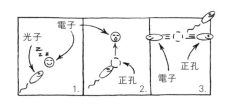

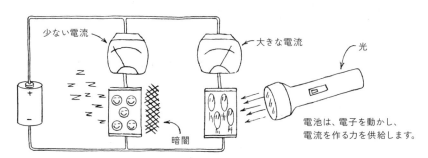

電池は、電子を動かし、電流を作る力を供給します。

□ フォトレジスターの働きについてもっと詳しく

ここでは、フォトレジスターの働きについて、いくつか重要なポイントを紹介します。

1. フォトレジスターは、光の強さに反応するのに数ミリ秒以上かかることがあります（少し遅いですね）。さらに、光がなくなった時に、暗い時の抵抗値に戻る時にも、数分かかることがあります（メモリー効果と呼ばれます）。

2. フォトレジスターに使われる半導体のほとんどに、硫化カドミウム（CdS）が使われてます。この素材の光の感度は、なんと、人間の目と同程度なのです！硫化鉛は、赤外線の検出に使われています（3μmくらい）。

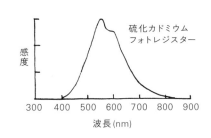

□ フォトレジスターの種類

フォトレジスターには、たくさんの種類があります。ほとんどの硫化カドミウムは、表面の露出を増やすために交互に配置された電極を持っています。プラスチックやガラスの窓が付いていることもあります。

□ フォトレジスターの回路記号

ここに描かれている回路記号はどちらも使われています。

□ フォトレジスターの使い方

フォトレジスターは、光制御リレーや測光計に使われています。

□ 測光計

この装置は、硫化カドミウム半導体を照らす光の強さを、電流計で表すものです。

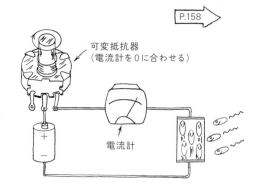

PN接合の光検出器

PN接合のフォトディテクターは、光半導体の中でもっとも大きなグループを作っています。ほとんどはシリコンから作られ、可視光線から近赤外線まで感知できます。

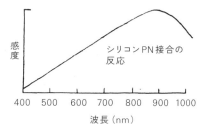

フォトダイオード

すべてのPN接合は光を感知しますが、フォトダイオードは光を検出することに特化して設計されています。カメラや防犯アラーム、光通信などに使われています。

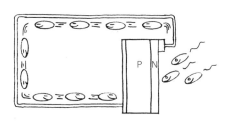

□ フォトダイオードの働き

　光子は正孔と電子のペアを作ります。接合部から、それぞれの方向にむかって電流が流れていきます。そのため、以下の2つの働きができるのです。

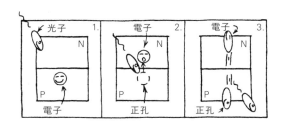

1. 光発電のしくみ

　フォトダイオードに光が当たると、電流が発生します。

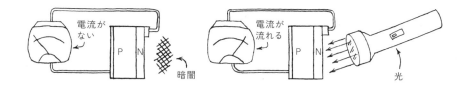

2. 光伝導のしくみ

　このイラストのフォトダイオードは逆方向バイアスとなっていますが、PN接合部に光が当たると電流を通します（暗い時には、暗電流と呼ばれる、わずかな電流が流れるでしょう）。

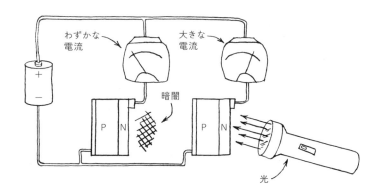

□ フォトダイオードの種類

ここでご紹介するのは、一般的なフォトダイオードですが、他にもさまざまな形のものが使われています（プラスチックのケースに収まっているもの、レンズを内蔵しているもの、フィルター付きのものなど、さまざまです）。もっとも重要な分類は、半導体素子の大きさです。特定の波長の光への反応を良くするために、特殊な設計となっていることもあります。

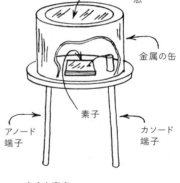

有名な事実：
LEDは光ることも、光を検知することも両方できます！

小面積フォトダイオード

逆方向バイアスをかけた光起電状態にして使用する場合、とても素早い反応をします。

大面積フォトダイオード

小面積ダイオードに比べると、ゆっくりとした反応をしますが、大きな表面積によって光を検知する感度が高くなっています。

□ フォトダイオードの回路記号

ここに描かれているどちらの回路記号も使われています。

□ フォトダイオードの使い方

　フォトダイオードは、一般的に（光通信で使われるような）近赤外線の高速なパルスを検知するのに使われています。

□ 測光計

　この装置は基本的な光伝導モードを利用した測光計です。とても直線的な反応を返します。

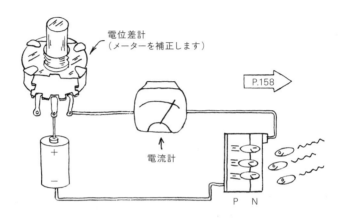

電位差計
（メーターを補正します）

P.158

電流計

P　N

フォトトランジスター

　すべてのトランジスターは光を感知しますが、フォトトランジスターは、この重要な特性を生かすよう設計されています。光に反応するFETも存在しますが、一般的なフォトトランジスターは、大きく露出したベース領域を持つNPN接合トランジスターです。ベースに入っていく光子によって、一般的なNPNトランジスターのベース・エミッター電流の出力を置き換えています。その

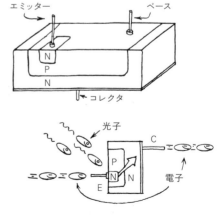

エミッター　ベース

コレクタ

光子

C

電子

E

メモ：ベース端子はない場合があります

097

ためフォトトランジスターは、光子の数の変化をそのまま増幅します。

□NPNフォトトランジスターの働き

　NPNフォトトランジスターには2種類あります。1つは、先に説明したタイプのNPNトランジスターです。もう1つは、より大きく増幅ができるように、2つ目のNPNトランジスターを持っているものです。

1.　NPNトランジスター

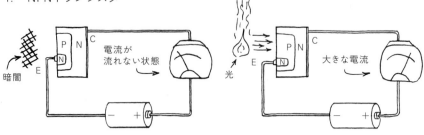

2.　フォトダーリントン・トランジスター

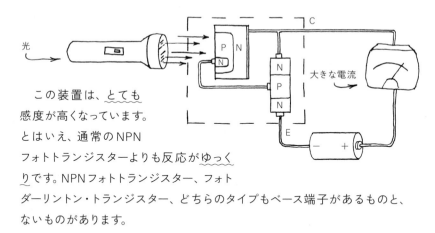

　この装置は、とても感度が高くなっています。とはいえ、通常のNPNフォトトランジスターよりも反応がゆっくりです。NPNフォトトランジスター、フォトダーリントン・トランジスター、どちらのタイプもベース端子があるものと、ないものがあります。

□ フォトトランジスターの種類

　ここで紹介しているものは、一般的で安価なNPNフォトトランジスターです。他にもさまざまな形のものが使われています（金属製の円筒に収まっているものや、ガラスのレンズがあるもの、平らな窓が付いているものなどさまざまです）。

重要：ベース端子があるものとないものがありますが、多くのフォトトランジスターの回路は、ベース端子を使用しません。

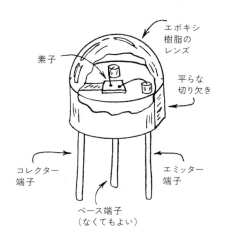

これらは、一般的なフォトトランジスターです

□ フォトトランジスターの回路記号

  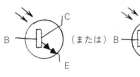

NPN　　　NPN　　　　　　フォトダーリントン
　　　（ベース端子がないもの）

□ フォトトランジスターの使い方

　フォトトランジスターは、光信号の変動（交流）などを検知するのに使われます。この装置は、一定の（直流）光でリレーを動かすものです。

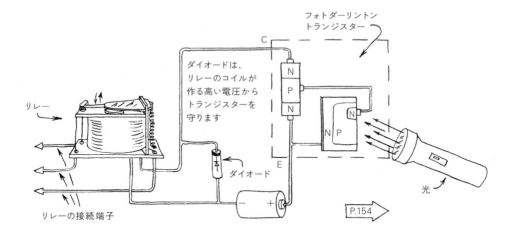

光サイリスタ

　光サイリスタは、さまざまな種類の光で作動するサイリスタです。これらを光電作スイッチと考えてもよいでしょう。光サイリスタ・ファミリーの中で、もっとも重要なものは、光起動式シリコン制御整流器（以下、LASCR）でしょう。光起動式トライアックというものもあります。いずれのものも従来のサイリスタのように、大きな電流をスイッチすることはできません。

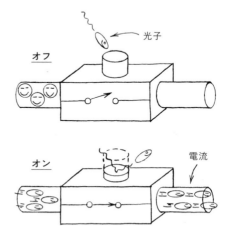

LASCR（光起動式SCR）

光の感度を高めるために、LASCRは通常のSCRよりも薄く作られています。そのため、スイッチングできる電流の量が限られます。大きな電流が必要な装置では、LASCRは従来のSCRを作動するために使われます。

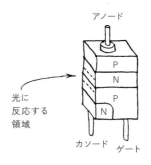

□ LASCRの種類

ほとんどのLASCRは、数百Vまでスイッチすることができます。最大電流は、たったの数十分の1Aです。

□ LASCRの使い方

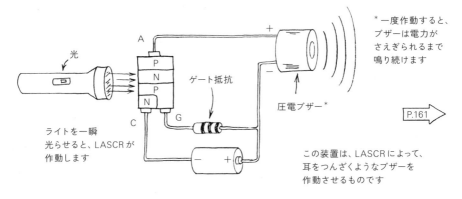

＊一度作動すると、ブザーは電力がさえぎられるまで鳴り続けます

この装置は、LASCRによって、耳をつんざくようなブザーを作動させるものです

太陽電池

太陽電池は、とても大きな光を感知する領域があるPN接合フォトダイオードです。1つのシリコン太陽電池は、明るい太陽光で0.5Vの発電ができます。

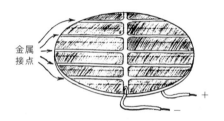
金属接点

□ 太陽電池の働き

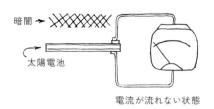
暗闇
太陽電池
電流が流れない状態

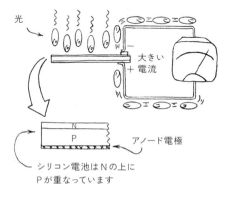
光
大きい+電流
アノード電極
シリコン電池はNの上にPが重なっています

このサイズの電池1つで、0.1A*発電します。

*明るい太陽光の場合

□ 太陽電池の種類

さまざまな種類のシリコン太陽電池が作られています。多くの場合それぞれの電池は、直列あるいは並列につなげられています。

直列:出力電圧は、電池の電圧の合計となります

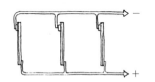
並列:出力電流は、電池の電流の合計となります

□太陽電池の回路記号

＋と－は逆の場合も
あるので注意してください

□太陽電池の使い方

　太陽電池をつなげて、充電式電池を
充電することができます。

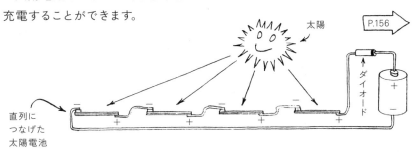

5章｜集積回路
INTEGRATED CIRCUITS

シリコンの小さなかけら（チップ）の上に、トランジスターやダイオード、抵抗などをいっしょに形成することによって、電子回路を作ることができます。それぞれの部品は、チップの上に正確に配置したアルミの「導線」で結ばれます。こうして集積回路（以下、IC：Integrated Circuit）ができあがります。ICには、トランジスターを数個から数万個まで積むことができるのです。ICによってビデオゲームやデジタル時計、手ごろなコンピューターや、その他たくさんの洗練された製品を生み出すことができるようになりました。

以下のイラストは、バイポーラICの一部分を超拡大し単純化した図です。

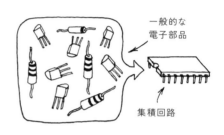

一般的な電子部品

集積回路

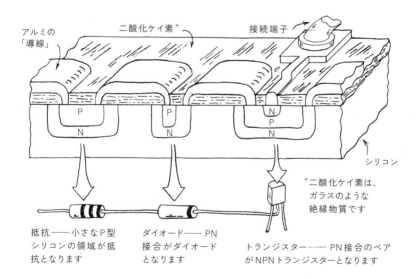

アルミの「導線」

二酸化ケイ素*

接続端子

シリコン

*二酸化ケイ素は、ガラスのような絶縁物質です

抵抗——小さなP型シリコンの領域が抵抗となります

ダイオード——PN接合がダイオードとなります

トランジスター——PN接合のペアがNPNトランジスターとなります

もちろん、ICの超拡大図の下に描かれているおなじみの部品は、ICと同じ比率では描かれていません。というのも、ある種のICでは、たった1/4インチ（約6ミリ）四方のシリコンチップに、262,144個ものトランジスターを載せることができるからです！

☐ ICの種類

ICは、2つの主要なカテゴリに分けることができます。

1. アナログ（もしくはリニア）ICは、さまざまな電圧を生成し、増幅し、そして反応します。アナログICには、たくさんの種類のアンプやタイマー、発振器や電圧レギュレーターがあります。

2. デジタル（もしくはロジック）ICは、2種類の電圧のみを生成したり、それに反応したりする種類のICです。デジタルICには、マイクロプロセッサーやメモリー、マイクロコンピューター、そしてさまざまな種類の単純なICがあります。

ある種のICでは、アナログとデジタルの機能を1つのICに兼ね備えていることがあります。例えば、デジタルICに、アナログ電圧レギュレーターの機能が含まれていたり、アナログタイマーICにデジタルカウンターを加え、タイマーだけの場合よりも長い時間を計測することができるもの、などです。

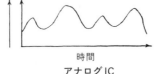
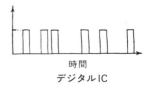

ICに出入りする電圧
（電源から供給される電圧ではありません）

時間
アナログIC

時間
デジタルIC

☐ ICのパッケージの種類

ICは、さまざまな種類のパッケージに収まっています。もっとも一般的な種類は、デュアル・インライン・パッケージ（以下DIP）です。DIPは、（安価な）プラスチックか（より頑丈な）セラミックで作られています。ほとんどのDIPは、14～16本のピンがあり、一般的には、ピンの数は4～64くらいの範囲です。

以下は一般的なDIPです。

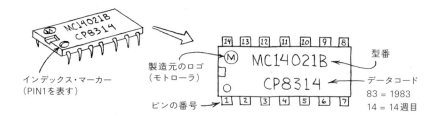

他のICパッケージには、TO-5と呼ばれる金属ケースのものがあります。とても丈夫ですが、たいていは安価なプラスチックDIPで代用されています。

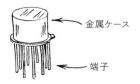

6章 | デジタルIC
DIGITAL INTEGRATED CIRCUITS

　どんなに複雑なものであっても、すべてのデジタルICは、ゲートと呼ばれるシンプルな基本要素でできています。ゲートは、電子的に制御できるスイッチのようなもので、オンとオフの2つの状態があります。では、ゲートはどのように働くのでしょうか？　その基本を見てみましょう。

機械式スイッチゲート

　3つのもっともシンプルなゲートは、押しボタンスイッチと電池、電球を使って表すことができます。

□スイッチによる「AND」ゲート
　スイッチAと（AND）スイッチBの両方が閉じている時のみ、電球が光ります。表はゲートの働きをまとめたものです。これは真理値表といいます。

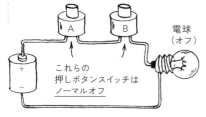

スイッチが
開いている時 = オフ

スイッチが
閉じている時 = オン

A	B	出力
オフ	オフ	オフ
オフ	オン	オフ
オン	オフ	オフ
オン	オン	オン

可能なすべての組み合わせ

□ スイッチによる「OR」ゲート

スイッチAか（OR）、スイッチBの片方または両方が閉じている時、電球が光ります。以下が真理値表です。

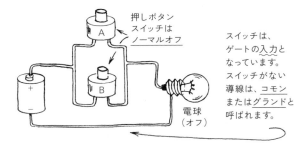

A	B	出力
オフ	オフ	オフ
オフ	オン	オン
オン	オフ	オン
オン	オン	オン

□ スイッチによる「NOT」ゲート

何もしない時、電球は光っています。スイッチを押すと、電球が消えます。つまり、「NOT」ゲートは、スイッチの動きを逆に（反転）したものです。以下が真理値表です。

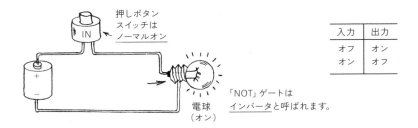

入力	出力
オフ	オン
オン	オフ

「NOT」ゲートはインバータと呼ばれます。

2進数との関係

スイッチのオンとオフを、数字の0と1に置き換えることができます。前のページに登場した、ゲートの真理値表は以下のようになります。

「AND」ゲート

A	B	出力
0	0	0
0	1	0
1	0	0
1	1	1

「OR」ゲート

A	B	出力
0	0	0
0	1	1
1	0	1
1	1	1

「NOT」ゲート

入力	出力
0	1
1	0

入力（AとB）からの0と1の組み合わせは、2つの数字（あるいはビット）による<u>2進</u>の数となります。デジタル・エレクトロニクスでは2進数は、10進数やアルファベットなどの文字、電圧、その他さまざまな情報を表す<u>コード</u>として役に立ちます。

<u>2進数の基本</u>

0か1の1バイナリは、<u>1ビット</u>
4ビットで構成される1パターンは、<u>1ニブル</u>
8ビットで構成される1パターンは、<u>1バイト</u>

BCD ―― それぞれの10進数の桁には、対応する2進数が当てられます。ゼロが頭に並んでいる（<u>先行ゼロ：leading zero</u>）ことに注目してみましょう。デジタル回路でビットを表す場合、<u>すべての桁は0か1で埋めておか</u>なければいけません。

10進数	2進数	2進化10進数
0	0	0000 0000
1	1	0000 0001
2	10	0000 0010
3	11	0000 0011
4	100	0000 0100
5	101	0000 0101
6	110	0000 0110
7	111	0000 0111
8	1000	0000 1000
9	1001	0000 1001
10	1010	0001 0000
11	1011	0001 0001
12	1100	0001 0010
13	1101	0001 0011
14	1110	0001 0100
15	1111	0001 0101

2進数は同時に（パラレル）、あるいは1ビットずつ（シリアル）、導線（<u>バス</u>）を通じて送ることができます。このイラストは、シリアルとパラレルによる、15…14…13…12の数字を送った時の通信の状態です。

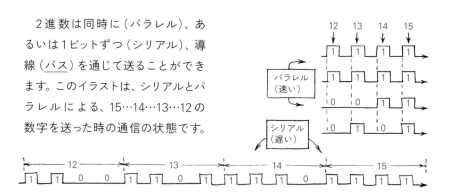

ダイオード・ゲート

ゲートを機械式のスイッチを使わずに、電気的にコントロールしたいこともあるでしょう。もっともシンプルなゲートをコントロールする方法は、PN接合のダイオードを使ったものです。入力電圧を数ボルト（1またはハイ）にしたり、グランド付近の電圧（0またはロー）にすることで、ダイオードをオン（順方向バイアス）とオフ（逆方向バイアス）の状態に切りかえます。

□ダイオード「OR」ゲート

AまたはBからの入力電圧が、グランドよりも大きくなった場合は、電圧は順方向バイアスがかかったダイオードを通り抜けて出力されます。そうでない場合は、グランド付近の電圧が出力されます。真理値表は0V（0またはロー）と、+6V（1またはハイ）が入力電圧の場合に有効です。

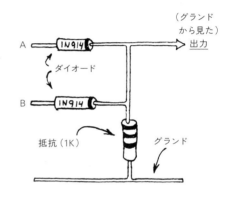

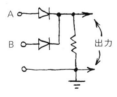

A	B	出力
0V	0V	0V
0V	6V	5.4V
6V	0V	5.4V
6V	6V	5.4V

ダイオードは、順方向電圧を0.6V必要とするので、出力電圧がハイになっても完全に6Vには達しません。なぜなら、この分の順方向電圧0.6Vが、出力から引かれるからです（エレクトロニクス用語で、この状態をシリコン・ダイオードが0.6Vの「電圧降下」を起こした、といいます）。

□ ダイオード「AND」ゲート

　AとBからの入力電圧が、グランドよりも大きくなった場合は、電流が、電池から抵抗を通って出力へ流れます。もしAとBの電圧が、グランド付近の場合は、片方または、両方のダイオードに順方向バイアスがかかった状態となり、出力から電流が流れていきます。

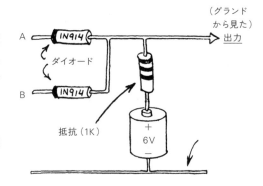

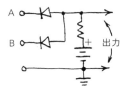

A	B	出力
0V	0V	0V
0V	6V	0.5V
6V	0V	0.5V
6V	6V	5.4V

　回路がもっと複雑な場合、イラストでの図解は、あまり実用的ではありません。ですので、このページの後には両方のイラストの下に回路図を示しています。回路図は、後でもっとたくさん登場しますし、次のページにも……

トランジスター・ゲート

　ダイオード・ゲートが電圧降下することから、ゲート同士をつなげる時には、電圧を増幅する必要があることがわかります。トランジスターは、電圧を適切に増幅できるだけでなく、ゲートとしても働くのです！ バイポーラ・トランジスター、FETのどちらもゲートとして使うことができます。このページではもっともシンプルな、バイポーラ・トランジスター・ゲートの回路図を紹介します。これらはどちらも、レジスター・トランジスター・ロジック・ファミリー（RTL）となります。以下のゲートは、誰にでも作ることができますが、まずは簡単に確認して、ICゲートがどんなものかへの理解を深めましょう。

□「NOT」ゲート（インバータ）

　入力が +V（バイナリ 1 またはハイ）になると、Q1 のトランジスターがオンに切り替わり、出力が直接グランド（バイナリ 0 またはロー）につながります。入力がローの場合は、Q1 はオフに切り替わり、出力は（コレクタにつながる抵抗によって）+V となります。このような「NOT」ゲートは、重要な新しい論理ゲートを作ることができます。

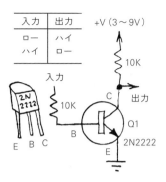

□「AND」ゲート

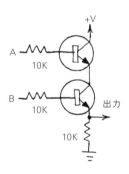

A	B	出力
ロー	ロー	ロー
ロー	ハイ	ロー
ハイ	ロー	ロー
ハイ	ハイ	ハイ

2N2222 または、
一般的な NPN トランジスターを
すべてのゲートに使用します。

□「NAND」（NOT-AND）ゲート

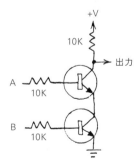

A	B	出力
ロー	ロー	ハイ
ロー	ハイ	ハイ
ハイ	ロー	ハイ
ハイ	ハイ	ロー

「NOT」の機能は、
「組み込まれて」います
（追加のトランジスターは
必要ありません）

□「OR」ゲート

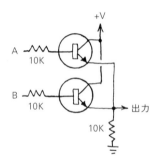

A	B	出力
ロー	ロー	ロー
ロー	ハイ	ハイ
ハイ	ロー	ハイ
ハイ	ハイ	ハイ

すべてのゲートに対する+Vは、
+3〜+9Vとなります

□「NOR」(NOT-OR) ゲート

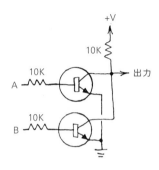

A	B	出力
ロー	ロー	ハイ
ロー	ハイ	ロー
ハイ	ロー	ロー
ハイ	ハイ	ロー

「NAND」ゲートのように、
「NOT」の機能は
「組み込まれて」います

ゲート回路記号

　デジタルICの説明に進む前に、さまざまなゲートの回路記号を確認しましょう。ここでは、いままで登場しなかったゲートもあわせて紹介します。

□「AND」ゲート　　　　□「NAND」ゲート

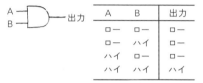

A	B	出力
ロー	ロー	ロー
ロー	ハイ	ロー
ハイ	ロー	ロー
ハイ	ハイ	ハイ

A	B	出力
ロー	ロー	ハイ
ロー	ハイ	ハイ
ハイ	ロー	ハイ
ハイ	ハイ	ロー

□「OR」ゲート

A	B	出力
ロー	ロー	ロー
ロー	ハイ	ハイ
ハイ	ロー	ハイ
ハイ	ハイ	ハイ

□「NOR」ゲート

A	B	出力
ロー	ロー	ハイ
ロー	ハイ	ロー
ハイ	ロー	ロー
ハイ	ハイ	ロー

□「XOR」ゲート

A	B	出力
ロー	ロー	ロー
ロー	ハイ	ハイ
ハイ	ロー	ハイ
ハイ	ハイ	ロー

□「XNOR」ゲート

A	B	出力
ロー	ロー	ハイ
ロー	ハイ	ロー
ハイ	ロー	ロー
ハイ	ハイ	ハイ

□ 2つ以上の入力を持つ論理ゲートについて

　上で紹介したようなゲートは、論理的な決定をするため、論理回路と呼ばれています。論理ゲートは、多くの場合2つ以上の入力があります。入力を増やすことで、ゲートによる論理的な決定を行う能力を高めることができます。また、入力が増えると、ゲート同士を組みあわせる方法の種類も増え、高度な論理回路を作ることができるようになります。以下に2つの例を示します。

3入力「AND」ゲート

A	B	C	出力
ロー	ロー	ロー	ロー
ロー	ロー	ハイ	ロー
ロー	ハイ	ロー	ロー
ロー	ハイ	ハイ	ロー
ハイ	ロー	ロー	ロー
ハイ	ロー	ハイ	ロー
ハイ	ハイ	ロー	ロー
ハイ	ハイ	ハイ	ハイ

3入力「NAND」ゲート

A	B	C	出力
ロー	ロー	ロー	ハイ
ロー	ロー	ハイ	ハイ
ロー	ハイ	ロー	ハイ
ロー	ハイ	ハイ	ハイ
ハイ	ロー	ロー	ハイ
ハイ	ロー	ハイ	ハイ
ハイ	ハイ	ロー	ハイ
ハイ	ハイ	ハイ	ロー

□ シングル入力ゲート

「NOT」ゲートあるいはインバータは、他のゲートからの出力を逆に（反転）できるので、とても重要です。厳密にいえばインバータは、（2つ以上の入力をもつゲートのように）論理的な決定をする回路ではありませんが。

インバータの親戚にあたるものとしてバッファがありますが、この非反転回路は、ゲートを他の回路から分離したり、通常よりも高い負荷を動かすことができます。3ステート・インバータやバッファには、他の回路から電気的に切り離すことができる出力があります。この出力は、ハイでもローでない「フローティング状態」となり、非常に高い抵抗値にすることができます。

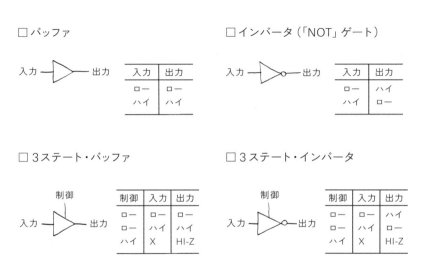

「X」は、「ドント・ケア」*、HI-Zは非常に高い出力抵抗を表しています

*訳注：入力がロー／ハイどちらでも出力が変わらないことを表します。

データの「高速道路」

多くの場合、ゲートからなる回路は情報をやり取りします（2進数の0と1は、ハイとローの電圧レベルに変換されます）。通常、情報はバスと呼ばれる導線を通して送ります。バスは、データの高速道路のようなものです。1本の導線で、

シリアル（1ビットずつ）で送られることもあれば、8本（もしくはそれ以上）の導線でパラレルで（1バイトかそれ以上を同時に）送られるかもしれません。どちらの場合でも、回路を完成させるにはグランドが必要です。

□ 3ステートの交通整理

3ステート・ゲートは、バスの渋滞を解消することができます。以下に例を示します。

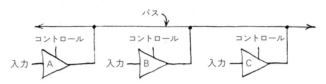

（コントロールをローにして）選択したバッファから入力されるデータだけが、バスに入ることができます。

□ ゲートの使い方

ゲートは単独でもしくは、それぞれを組み合わせて、論理回路と呼ばれるゲートの「ネットワーク」にして使います。ほとんどの論理回路は、組み合わせ回路か順序回路のどちらかに分類されます。

組み合わせ回路

組み合わせ回路は、（0または1の）入力データに、直前の入力とは関係なく、ただちに反応します（順序回路のセクションで、このことに触れます）。組み合わせ回路は、とてもシンプルなものから、とてつもなく複雑なものまで、さまざまな種類があります。以下のように、どんな組み合わせ回路も「NAND」か「NOR」ゲートによって作ることができます。

4インプット「NAND」ゲート　　　インバータ

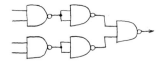
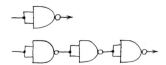

「AND」ゲート　　　　　　　　バッファ

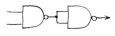
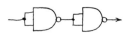

メモ：これらの回路には、必要なグランド接続が描かれていません 通常グランドは入出力で共通です

「OR」ゲート　　　　　　　　「XOR」ゲート

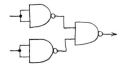
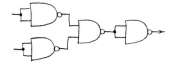

「NOR」ゲート　　　　　　　「XNOR」ゲート

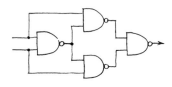
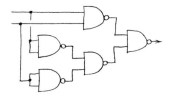

□ 違うゲートを組み合わせよう

　ここでは、2種類以上のゲートによる組み合わせ回路のネットワークの例を、2つ見てみましょう（これらの回路はすべて、「NAND」ゲートだけで作れることを覚えておきましょう！）。

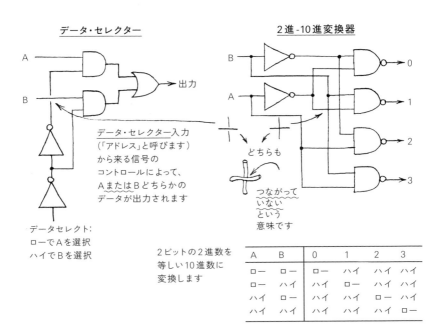

□ 組み合わせ回路のネットワークについてもう少し

ここでは、組み合わせ回路でよく使われる、4種類のネットワークをシンプルな例で見てみましょう。以下のものを含め、多くの種類のネットワーク回路がICのかたちで手に入ります。この図の中に描かれている長方形は、複雑なゲート・ネットワークのような論理回路を表す回路記号です。

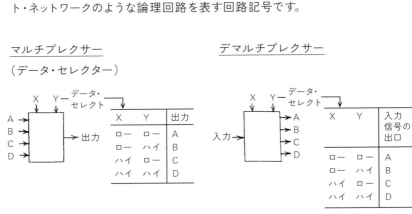

エンコーダー　　　　　　　　デコーダー

10進数などのデータを
2進数に変換します。
「OR」回路が
使われています

2進数をBCDに変換したり、
BCDをデジタルの
表示器用に10進数に
変換したりします

順序回路

　順序回路の出力は、それよりも前の入力によって決まります。つまり、順序回路に入力されたデータのビットは、回路の中を少しずつ順番に進んでいきます。多くの場合、1「クロック」につき1パルス送られ、そのたびにデータが1ステップ進みます（回路は定期的なパルス波を放出します）。順序回路の基本要素をフリップフロップと呼びます。以下はフリップフロップの概略です。

□「RS」型（Reset-Set）フリップフロップの基本
　ラッチ回路とも呼ばれます。出力（Qと$\bar{Q}$）は逆の状態になります（$\bar{Q}$は非Qを現しています）。

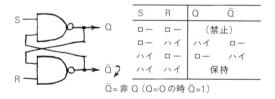

S	R	Q	$\bar{Q}$
ロー	ロー	(禁止)	
ロー	ハイ	ハイ	ロー
ハイ	ロー	ロー	ハイ
ハイ	ハイ	保持	

$\bar{Q}$=非 Q（Q=0の時 $\bar{Q}$=1）

□クロック付き「RS」フリップフロップ
　このラッチ回路では、「クロック」（またはイネーブル）信号が入力されない時にはRとSに入力された信号を無視しています。クロックが入力されると、状態が変化します。

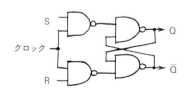

S	R	Q	$\bar{Q}$
ロー	ロー	(禁止)	
ロー	ハイ	ハイ	ロー
ハイ	ロー	ロー	ハイ
ハイ	ハイ	保持	

クロック信号入力後に有効な表

□「D」(DATA あるいは DELAY) フリップフロップ

「D」フリップフロップはクロック信号が来ていない間、現在の出力を保持します。

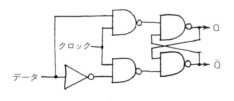

D	Q	Q̄
ロー	ロー	ハイ
ハイ	ハイ	ロー
	(OR)	
0	0	1
1	1	0

クロック信号入力後に有効な表

□「JK」フリップフロップ

「JK」フリップフロップは、どちらの入力もハイにすることができます(この場合、出力はクロック・パルスごとに状態がハイとローで切り替わる、または「トグル」します)

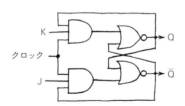

J	K	Q	Q̄
ロー	ロー	保持	
ロー	ハイ	ロー	ハイ
ハイ	ロー	ハイ	ロー
ハイ	ハイ	「トグル」	

クロック信号入力後に有効な表

□「T」(トグル) フリップ・フロップ

出力 Q (または Q̄) は、入力パルスが入るごとに、ロー (またはハイ) で切り替わります。そのため、入力パルスは半分の周期に分周されます。以下が、「T」フリップフロップを作るいくつかの方法です。

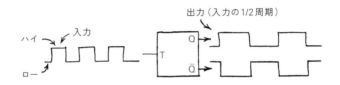

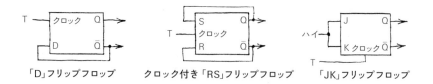

「D」フリップフロップ　　クロック付き「RS」フリップフロップ　　「JK」フリップフロップ

□「D」フリップフロップ・データ記憶レジスター

　これは、4つの「D」フリップフロップを使い、記憶レジスターまたはメモリーを作ったものです。A〜Dに入力した4ビットのバイナリデータ（ニブルといいます）は、「クロック」に「ストローブ」（パルス）を入力した時に「ロード」（保存）されます。さまざまな種類の、ICで作られたレジスターが入手可能です。

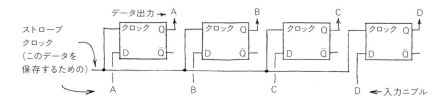

□「T」フリップフロップ・カウンター

　これは、4ビット・バイナリ・カウンターの形に組みあわせた4つの「T」フリップフロップです。

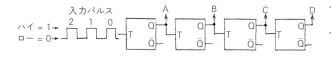

カウント	D	C	B	A
0	0	0	0	0
1	0	0	0	1
2	0	0	1	0
3	0	0	1	1
4	0	1	0	0
5	0	1	0	1
6	0	1	1	0
7	0	1	1	1
8	1	0	0	0
9	1	0	0	1
10	1	0	1	0
11	1	0	1	1
12	1	1	0	0
13	1	1	0	1
14	1	1	1	0
15	1	1	1	1

　それぞれの「T」フリップフロップは、入力パルスを半分の周期に分周します。2進数の真理値表に示したように、その出力は0000から1111までの2進数となることがわかります（16回目の入力パルスの後、0000に戻ります）。ICで作られたカウンターにはさまざまな種類があり、ほとんどのものに特別な機能が付いています（カウント・アップ、またはダウン、リセットなど）。

組み合わせ回路と順序回路を両方使った論理回路

組み合わせ回路と順序回路のロジックICを使って、簡単なデジタル・ロジック・システムである10進のカウンターを作る方法を説明します。

1. ブロック図

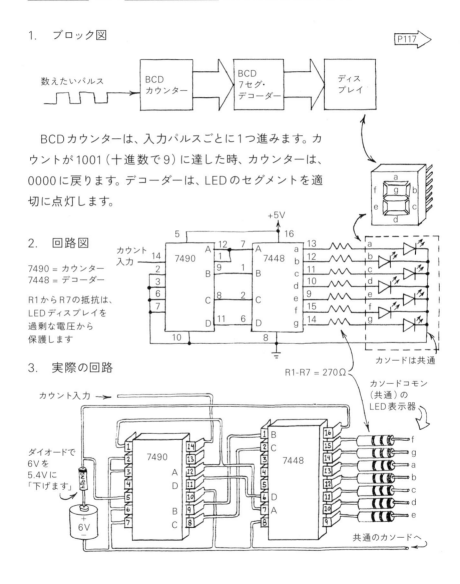

BCDカウンターは、入力パルスごとに1つ進みます。カウントが1001（十進数で9）に達した時、カウンターは、0000に戻ります。デコーダーは、LEDのセグメントを適切に点灯します。

2. 回路図

7490 = カウンター
7448 = デコーダー

R1からR7の抵抗は、LEDディスプレイを過剰な電圧から保護します。

R1-R7 = 270Ω

カソードは共通

カソードコモン（共通）のLED表示器

3. 実際の回路

ダイオードで6Vを5.4Vに「下げます」

デジタル IC の種類

デジタル IC の種類は、バイポーラ、MOS など数十種以上にのぼります。いずれの IC（または「チップ」）も、特定の用途向けの論理回路のネットワークや、さまざまな論理機能を組み合わせたものなどが含まれています。ここでは、いくつかの主要なデジタル IC の種類を紹介します。

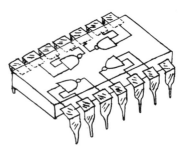

4011
「4回路」2入力 CMOS「NAND」ゲート

☐ バイポーラ・デジタル IC

1. トランジスター - トランジスター・ロジック（TTL または T2L）を指します。デジタル IC の中ではもっとも数が多く、もっとも一般的なものです。1秒ごとに 20,000,000 回以上、状態を変えることができ、値段も安価です。欠点としては、5V 以上の電源供給が必要なため、電力をたくさん必要とします（それぞれのゲートは、3〜4 ミリアンペア必要とします）。もっとも広く使われている IC は 7400 シリーズです。例えば、7404 はインバータが 4 つ入っている IC として知られています。

2. 低電力ショットキー TTL（LS）- TTL と比較して電力を 20% しか消費しない、TTL よりも新しいタイプの TTL です。通常の TTL よりも値段が高くなっています。74LS00 シリーズがもっともよく使われています。

☐ MOSFET デジタル

1. P チャネルや N チャネル MOS（PMOS および NMOS）は、1つのチップの中に、TTL よりも多くのゲートを含めることができます。さまざまな目的に特化した IC があります（マイクロプロセッサーや、メモリーなど）。欠点としては、よく使われる TTL の IC には、置き換えられる同等品がほとんどな

いこと、TTLよりも速度が遅いことがあげられます。2〜3Vの供給電圧が必要です。また、静電気の放電によってダメージを受けることがあります。

2. 相補型MOS（CMOS）は、近年急激に進化していて、もっとも汎用性の高いデジタルICです。一般的なTTL ICには、対応するCMOSのバリエーションが存在します。CMOSのうちの1つのシリーズでは、TTLと同じ型番を使っているものがあります。例えば74C04は、74C04のTTLと同じ機能を持っています。最近の高速なCMOSは、TTLと同じくらい速度が速くなっています。多くのCMOSは、電圧供給に幅を持ち（一般的には、＋3Vから＋18V）、他のどんなデジタルICよりも少ない入力で動きます（それぞれのゲートは、0.1mA必要です）。静電気の放電によって損傷することがあるのが欠点です。もっとも広く使われているのは、74C00[*]と4000シリーズです。

[*]訳注：現在、個人が趣味で利用する場合は74HC00シリーズが主流です。

7章 | リニアIC
LINEAR INTEGRATED CIRCUITS

　リニアICの入出力の電圧レベルは、広い範囲で変動します。多くの場合、出力電圧は入力電圧と比例します。そのため入力と出力の比例グラフは直線(リニア)となります。リニアICにはさまざまな種類がありますが、ここでは一般的なものだけをご紹介します。
　まずは、基本的なデジタル回路とリニア回路を比べてみましょう。

基本的なリニア回路

　バイポーラトランジスターやFETは、デジタルとアナログ、どちらの回路も作ることができます。どちらの場合も、トランジスターは入力信号を反転できます。
　NPNバイポーラトランジスターがどのように、4つの機能を動かすのか見てみましょう。

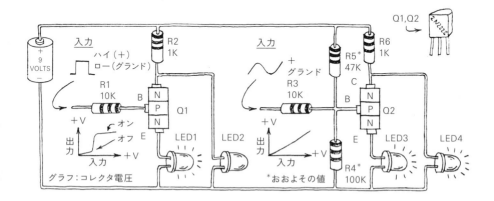

デジタル： リニア：

　トランジスター Q1 は、スイッチとして使われます。入力電圧が＋V 近く（またはハイ）の時、Q1 はオンとなります。入力がグランド付近（またはロー）になった場合、Q1 はオフとなります。この場合、LED1 はオフになり、LED2 が点灯します（抵抗 R2 は、両方の LED に流れる電流をコントロールしています）。この回路は、デジタルのバッファとインバータが組み合わさっている、というわけです。

　トランジスター Q2 は、オフからオンまでの全範囲で動作するアンプとして動作します。抵抗 R4 と R5 は分圧器を構成していて、入力がない時も Q2 のベースに電圧を供給し、Q2 をわずかにオンの状態に保ちます。このため、Q2 はリニア状態で動作します。入力電圧が高くなると、LED3 は明るくなり、LED4 は暗くなります。

オペアンプ

　オペアンプ（「OP-AMPS」）は、リニア IC の中でもっとも汎用性があります。この IC は、もともと数学の計算をするために設計されたため、「オペレーショナル＝計算できる・アンプリファイアー＝増幅器」と呼ばれるようになりました。オペアンプは、2 つの入力から供給される、電圧や信号（交流および直流）の差を増幅します。2 番目の入力がグランドにつながれているか、一定の電圧レベルになるようにしてある場合は、片方の電圧だけが増幅されます。

□ オペアンプの働き

　オペアンプは、反転と非反転入力を持っています。反転入力から供給される電圧の極性は、反転して出力されます（反転入力は－、非反転入力は＋で表されます）。

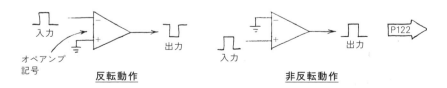

オペアンプ記号　　　反転動作　　　　　　　　　非反転動作　　P122

127

□ オペアンプの「フィードバック」

　上記の回路は、オペアンプがその最大増幅レベル（あるいはゲイン）で動作するようになっています。実際は出力の一部を、反転入力に戻すことによって、ゲインはもう少し実用的なレベルまで減らされます。例えば……

反転増幅回路　P.173

ゲイン = R1/R2
VOUT = -VIN（R2/R1）

□ オペアンプコンパレーター

　フィードバック用の抵抗（上の回路図ではR2）なしで動作する時、入力電圧がたった0.0001V異なるだけで、出力電圧はオンからオフ（あるいはその逆）に変動します。このデジタルのような動作は、たくさんの便利な回路に応用することができます。　P.175

□ オペアンプの種類

　バイポーラトランジスターIC、MOSFET ICどちらの種類のオペアンプも存在します。いくつかのバイポーラトランジスターは、とても高い入力抵抗にするためのFETまたはMOSFET入力を備えている場合があります。たくさんの種類のオペアンプが作られています。1つのICには、4つまでのオペアンプが含まれています。

タイマー

　コンパレーターとして動作するオペアンプを使ってタイマーを作ることができます。この時、以下のようなRC（Resistor - Capacitor：抵抗 - コンデンサー）回路が必要となります。

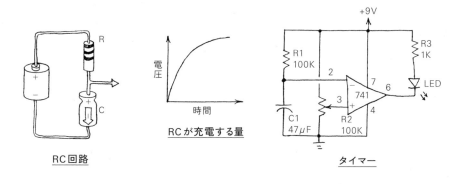

回路図（右上）では、抵抗R1とコンデンサーC1が、RC回路となります。R1を通して+9Vへ近づくように徐々に充電されていきます。C1の電圧がオペアンプの非反転入力に供給されている基準電圧を上回ると、出力電圧はハイからローへと変化し、LEDが光ります。光るまでの遅延時間は、R1とC1の値を変えるか、可変抵抗R2の設定を変更することで変えられます。（押しボタンスイッチなどを使って）C1の電気を放電すると、また新しいサイクルが始まります。

□ タイマーIC

上で紹介したシンプルな回路が、ほとんどのタイマーICの鍵となる素材になります。ほとんどのタイマーには、出力をハイかローのどちらかに固定するための、フリップフロップがあります。時間が経過する（あるいはサイクル）ごとに、1カウント数える2進数カウンターを持つ回路もあります。タイマーは、カウンターが進むごとに最初に戻ります。カウンター出力のデコーダーによって、1日から1年といった、遅延時間の設定が可能です。バイポーラトランジスターでもCMOSでもタイマーを作ることができます。

P.178 → 豆知識：アナログ・コンピューターはオペアンプを、複雑な数式を解くために使っています！

ファンクションジェネレーター

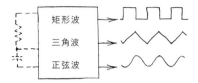

これらのICは、ここにあるような、さまざまな波形を出力します。波形の周波数は、外部のRC回路でコントロールできます。

電圧レギュレーター

電圧レギュレーターは入力電圧を、固定あるいは可変の、(通常は入力よりも低い) 電圧に変換します。ほとんどの場合、小さな固定基準電圧 (通常1V程度) を、オペアンプの非反転入力に供給して使います。そして基準電圧 (以後V_{REF}) は、フィードバック抵抗と入力抵抗の比 (ゲイン) で増幅されます。もし、抵抗の片方が可変抵抗なら、出力電圧 (以後V_{OUT}) を、V_{REF}から＋V (チップが供給する電圧) まで変化させることができます。実際には、レギュレーターICには、V_{REF}を供給するための追加のトランジスターが内蔵されていたり、オペアンプ単独で供給できる以上の電力を必要とする負荷を動かすことができるようになっていたりします。

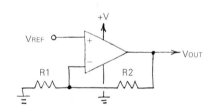

基本的な電圧安定器

□ レギュレーターIC

さまざまな種類の、固定および可変出力レギュレーターICがあります。ほとんどのものは、過熱した熱を大気に逃がすための、金属製のタブが付けられているか、金属製のケースに入っています。注意：きちんと動作させるために、製造元の取扱説明書と安全注意書を必ず守って使ってください。　P.177⇒

その他のリニアIC

　特定の機能を持った、無数のリニアICがあります。ほとんどのものにオペアンプが組み込まれています。例えば……

□ オーディオ・アンプ
　さまざまな種類があり、そのうちのいくつかは、1つのICに2つの増幅器を持っています（ステレオ用）。

□ 位相同期回路（PLL）
　古くからある、入力した周波数を複製（あるいは探知）するための良い方法を使って、オシレーターの周波数を設定できるICです。特定の周波数（例えばプッシュホン電話の呼び出し音のような）を検出したり、FMラジオの信号を復調するのに使われます。

□ その他のリニアIC
　電話機やラジオ、テレビやコンピューター通信に使う、さまざまなICがリニアICのファミリーに含まれています。また、それだけでなく、温度、光、圧力を検出するものもあります。

8章 | 回路組み立てのコツ
CIRCUIT ASSEMBLY TIPS

　試作用、あるいは本番用の電子回路を作るためには、いくつかの方法があります。この章では、知っておくと便利な、回路を組み立てるいくつかのコツをご紹介します。

試作用回路

　本番用の回路を組み立てる前に、試作回路を作るとよいでしょう。変更を加えたり、回路がちゃんと動くか確認することができます。試作回路を作る時のもっとも重要な部品は、プラスチック製のソルダーレス・ブレッドボードです。作業台の近くに何枚か置いておくとよいでしょう。ブレッドボードを使えば、動作する回路をわずかな時間で作ることができます。同じ列に刺さっていない部品の端子をつなげるには、「ジャンプワイヤー」を使います。ジャンプワイヤーや端子の先を曲げないように（もちろん指にも刺さないように）、気を付けて取り外しをしましょう。

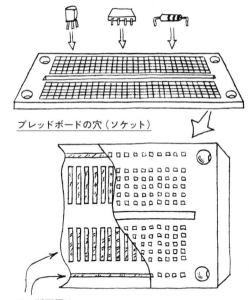

ブレッドボードの穴（ソケット）

この断面図は、
一般的なブレッドボードの端子が
どのようにつながっているのかを
表しています

ヒント：ブレッドボードの穴に、
可変抵抗や電池、LEDやスイッチなどを
接続してみましょう

本番用回路

とてもシンプルな回路をのぞいて、本番用の回路はいくつかの方法で回路基板に組み立てることになります。

□ 基板に組み立てる

部品の端子をフェノール樹脂や、似たような板に開けられた穴に通し、板の裏面でハンダ付けをします。たいていの場合、絶縁された接続用導線が必要となるでしょう。いったん組み立てる時は、部品の端子を曲げてハンダ付けしなければいけないので、「穴開き基板」の回路は修正が難しくなります。

□ ワイヤーラッピング

2～3個ICを使った回路を作るなら、ワイヤーラッピングで組み立てるのが速いでしょう。この場合、ワイヤーラッピングICソケット(四角いコネクタにピンが付いているもの)を使います。導線は、手で巻き付けてもよいし、モーター駆動のラッピング工具を使ってもよいでしょう。導線のコーティングをはがして使う必要があれば、コネクタピンの周りに、コーティングをはがさない線を数回巻いて、接続部分を強くするとよいでしょう。

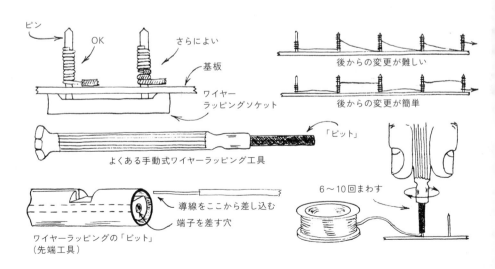

□ プリント基板（PCB）

　一番きれいでプロフェッショナルな、完成された回路を作る方法です。ソケットは必要ありませんが、部品の端子を、基板の上の銅箔のパターンにハンダ付けする必要があります。プリント基板にはいろいろな種類がありますが、以下の2種類は、よく実験的に使われます。

1. ユニバーサル基板は、穴の周りに、ハンダパッドが付けられた基板です。多くの基板では、それぞれの穴は1列ごとに（ブレッドボードのように）銅箔の帯でつながっています。この場合、他の穴をつなげるために、「ジャンプワイヤー」（絶縁部分がついた、短い端子や導線）が必要となります。

2. 自作プリント基板は、マスキングテープや化学的な被膜（「レジスト」）で基板の銅箔を残す方法です。ハンダをのせる配線部分の銅箔を、テープやレジストで保護し、その他の部分を化学溶剤で溶かすと配線パターンだけが残ります。部品を刺すための穴をドリルで開けましょう。制作に時間がかかりますが、きちんとした基板ができあがります。

ハンダ付けの方法

　ハンダ付けできちんとした回路を作るためには、ハンダ付けの練習が必要です。ハンダ付けを成功させるための6つの手順を教えましょう。

1. 必ず低いワット数（25〜40w）のハンダごてを使いましょう。取扱説明書に従って、こて先にハンダを付けましょう。

2. 電子部品をハンダ付けする時は、必ず松ヤニ入りハンダを使うようにしてください。けっして酸性フラックス入りハンダを使ってはいけません。*このようなハンダは、ハンダした線や端子を腐食してしまうことがあります。

　　＊訳注：現代のハンダは、基本的にロジンベースなのでフラックスの種類を気にせず大丈夫です。

3. ハンダは、溶けた絶縁体やワックス、グリースなどの脂分や絵の具には付着しません。溶剤や金ダワシ、サンドペーパーなどで異物を取り除いておきましょう。ハンダ付けの前にはいつでも、基板の銅箔を金ダワシなどで（銅が光るくらいに）磨いておきましょう。

4. ハンダ付けの時には、まず、温めたハンダごての先で数秒接点を温めます（ハンダを温めないように！）。それから、ハンダごてはそのままにして、接点にハンダをのせます。

5. ハンダごてを外す前に、接点とその周囲にハンダを流します。ハンダを付けすぎたり、冷える前に接点を動かさないようにしましょう。

6. こて台に付いているスポンジや布でごみを取り除き、ハンダごての先はピカピカにしておきましょう。

電源コード

持ち手

絶縁グリップ

ヒーター

こて先

基板

ハンダ

（パーツはテープで留めておきましょう）

ハンダごてを使う際の注意
1. 熱いハンダごてで指を火傷することや、火事を起こすことがあります！ 気を付けて使いましょう。
2. 使わない時、ハンダごての電源は抜いておきましょう。
3. ハンダごての電源コードを、つまずくような場所に伸ばさないようにしましょう。

電子回路に電気を通そう

□ 乾電池を使う

　多くの電子回路は、乾電池で動かせる程度の電力で動かせます。乾電池で動かせるようにしておけば、コンパクトにまとまった電子回路をどこでも操作することができます。

□ 太陽電池を使う

　太陽電池は、電子回路に直接電力を供給できます。もしくは、太陽電池をつなげて充電した充電池を使ってもよいでしょう。

□ 電源コードを使う

　もっともシンプルな電源は、ACアダプターと呼ばれるものです。ACアダプターは小さく、取り扱いが簡単です。また、さまざまな種類の出力電圧や電流のものがあります。ボルテージレギュレーターICを使って、自作の電源装置を作ることもできます。

□ 注意

　自分で電源装置を組み立てる時は、安全第一で行いましょう。金属のケースにドリルで穴を開けた場合は、穴のフチのところが鋭利になっているので、電源コードが傷つかないようにしましょう（プラスチック製のホルダーを使うようにしましょう）。交流電源につながるすべてのものは、必ずカバーの中に入れてください！　このような接続部分が露出していると、感電事故につながります。交流電源につながるすべての部品（スイッチ、ヒューズ、トランスなど）の定格が、電子回路の所要電力以上となるものを使用してください。

□電子回路の作り方のまとめ

　この本の残りの部分には、まだまだたくさんの回路が載っていますが、ブレッドボードを使えばすぐに組み立てることができます。機会があれば、本番用の回路も作りたくなるでしょう。その場合は計画を慎重に練って、成功させましょう。きちんと組み立てた作品は、あわてて作ったものよりもはるかに確実なものになります。

9章 | 電子回路100
100 ELECTRONIC CIRCUITS

　この章では、100個の電子回路をコレクションしました。すべての回路は筆者が全部組み立ててきちんと動くことを確認してあります。

□ 部品と代用品の選び方
　ほとんどの部品は、Radioshack*の店頭で見つけることができますが、Radioshackに行く前に、必要な物のリストを作っておくとよいでしょう（一番新しいRadioshackのカタログで、部品のカタログ番号を確かめることができます）。もし、部品がなかったら、他の店に行ってみましょう。また代わりの部品で補うこともできます。例えば、NPNスイッチングトランジスターには、代用品があります（2N3904は2N2222として使える、など）。抵抗やコンデンサーは、近い値のものが使えます（1.2Kの抵抗は1Kでも大丈夫ですし、0.33μFのコンデンサーは0.47μFでも大丈夫です）。他の物で代用する時は、必ず電圧と電力の定格を確認しましょう！

□ 回路が動かなかったら
　回路に充分な電力が供給されているか、まず確認してください。もし回路が熱くなっているか、もしくは焦げ臭いにおいがしたら、すぐに電源を切って、以下の手順で確認を行ってください。

① すべての接続を再確認してください（配線が足りないところはありませんか？ ICの端子は曲がっていませんか？ ハンダ付けがきちんとできていますか？ 導線は「ショート」していませんか？ ダイオードの向きは逆ではありませんか？）

---

* 訳注：Radioshackのオンラインストア（https://www.radioshack.com）でも購入できますが、日本の電子部品を販売しているお店や通販で購入することも可能です。

② 部品に欠陥はありませんか？
③ ICを使った回路の場合、電源からの線が6インチ（約15センチ）を超えると、それぞれのICの電源ピンに0.1μFコンデンサーを接続しないと、回路がきちんと動作しない、あるいはまったく動かない時があります。また、電源の線に、1〜10μFのコンデンサーを追加する必要がある時もあります。
④ 掲載されている回路に間違いがないでしょうか？

□ 安全第一

　交流電源を使った回路を動作させる時は、注意を怠らないようにしましょう。ハンダ付けの時も要注意です。スピーカーが付いた回路は、とても大きな音が鳴ることがあります。スピーカーからの距離をとり、ヘッドホンは使わないようにしましょう。

□ 先へ進みましょう

　RC回路（049ページ）の部品の値をいろいろ変えて実験をしてみましょう。回路の出力の部分を、リレーやピエゾブザーなどに置き換えてみてください（オームの法則を使って電圧と電流の定格を確認しましょう。もし必要であれば抵抗を直列でつないで、電流の量を減らしてください）。本番用の回路を作る前に、いつでもブレッドボードで回路を組み立て、テストしてください。

　最後に、ラジオ・シャックが1991年、1992年にそれぞれ出版した『Semiconductor Reference Guide』と『Engineer's Notebook』も参考になります。応用的な回路や新しい情報は、『Computers & Electronics』*に掲載されている、私のコラム（「The Electronics Scientist」）をご覧ください。

ダイオード回路

　さまざまな種類のダイオードで、たくさんの装置が作れます。ここではいくつかの一般的なものをご紹介します。

＊訳注：『Computers & Electronics』は1985年に絶版になっていますが、『Semiconductor Reference Guide』と『Engineer's Notebook』の2冊は現在もAmazonなどで購入できます。日本語で読める本としては『Make: Electronics』（オライリー・ジャパン）をおすすめします。

小信号ダイオードと整流器

□ 電圧レギュレーター

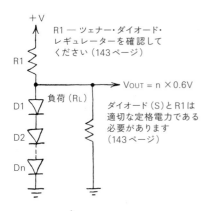

シリコンダイオード1つにつき、0.6Vごとに電圧を設定できます。

□ 電圧ドロッパー

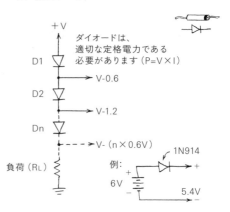

ダイオードは、適切な定格電力である必要があります（$P=V \times I$）。

□ 9V電源

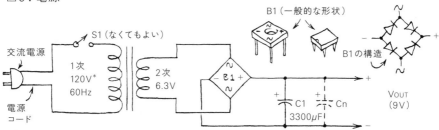

*訳注：日本の交流電圧は100Vのため、本章の「120V」と記載のあるトランスの1次側は100Vのものを使用してください。

　これはAC電源を使った9V電源です。リップルノイズ（交流電圧に重なって現れるノイズ）を低くするために、コンデンサーC1の値は大きめにしてください（追加のコンデンサー(Cn)をC1と並列でつなぎ、コンデンサーの容量を増やしてもよいでしょう）。コンデンサーのDC動作耐電圧（WVDC）は、少なくとも12V必要です。ブリッジ整流回路B1は、最低でも12Vの逆耐電圧にする

必要があります。トランジスターT1とB1の電力と電流は、定格の範囲である必要があります（オームの法則を使って計算します）。

注意：AC電源につながっているものはすべて、露出しないよう絶縁するか、ケースにまとめてください！回路を組み立てている時や、何かしている時は必ず電源を抜いてください！

□ 電圧2倍回路

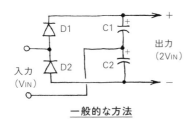

一般的な方法

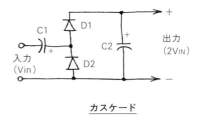

カスケード

これらの回路は、交流電源の電圧をおよそ2倍にします。出力は直流となります。入力電圧の2倍の定格のコンデンサーとダイオードを使いましょう。出力電圧のリップルノイズ（〰〰）は、コンデンサーC1とC2の値を大きくすることで減らすことができます。

ブリッジ2倍回路は、一般的なものやカスケード2倍回路より効率のよい回路です。4つのダイオードが入ったブリッジ整流回路を使えるため、作るのが簡単です。

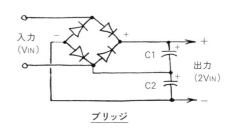

ブリッジ

□ 電圧3倍回路
　入力された交流電圧を直流に変換し、3倍にします。コンデンサー C2、ダイオード D1、D2、D3 の定格は 2×V_{IN} 以上です。

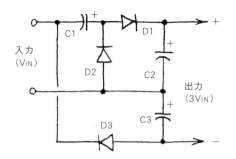

□ 電圧4倍回路
　入力された交流電圧を直流に変換し、4倍にします。すべての部品の定格は 2×V_{IN} です。

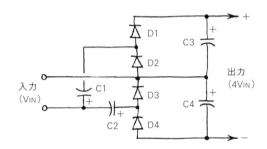

□ カスケード逓倍回路
　さらに倍率をあげたい場合は、ダイオードとコンデンサーによる回路を追加してください。すべての部品の定格は 2×V_{IN} です。

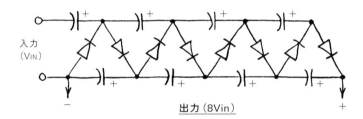

ツェナーダイオード回路

□ 電圧レギュレーター

　この回路は、(乾電池のような)不安定な電源供給から安定した出力電圧(V_{OUT}を負荷に供給するものです。V_{IN}は変えられますが、少なくとも、求められるV_{OUT}より1V高くないといけません。I_Lは0mAから使いたい最大電流まで変化します。もし、I_Lが0mAまで低下しても、Iは変化しません。I = I_L + I_Zのため、I_Zが増えるとI_Lが低下するのです。言い換えれば、負荷が取り除かれたとしても、レギュレーターは必ず同じ電流を消費します。

注意：ダイオードD1と抵抗R1は定格範囲内のものを使ってください。オームの法則を使って計算するといいでしょう(020ページ)。

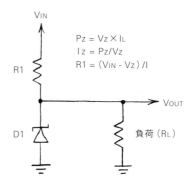

$P_Z = V_Z \times I_L$
$I_Z = P_Z / V_Z$
$R1 = (V_{IN} - V_Z) / I$

I_L = 最大負荷電流
I_Z = 最大ツェナー電流
I = R1を流れる電流
V_Z = ツェナーダイオードの電圧
P_Z = ツェナーダイオードの電力

例：ラジオは9V電池から、20〜50mAを使います。12Vのバッテリーを電源にする場合は、9Vで1/2Wのツェナーダイオードを使ってください。抵抗R1は60Ω前後にし、少なくとも定格0.15Wのものを使ってください。

回路の例

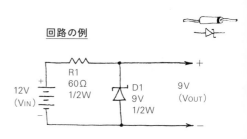

□ 波形クリップ回路

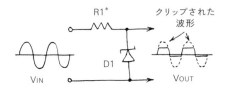

□ 両方向波形クリップ回路

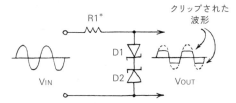

　この回路は、入力信号電圧を低くし、扱いやすいレベルにまで減らすのに便利です。また、正弦波と三角波を矩形波に近似させることもできます。

*R1：上の回路を参照してください
（最小でもI = 2mAとしてください）

　この回路は、波形整形回路を上下対称の形に広げたものです。入力された波形の上下どちらもクリップします。（Vz = D1 = D2の時）、電話やスピーカーを大きなレベルの音声信号から守ったり、矩形波を作る時に使われます。

*R1：上の回路を参照してください
（最小でもI = 2mAとしてください）

トランジスター回路

　ICが注目されていますが、バイポーラトランジスターやFETでも、さまざまな回路を作ることができます。

バイポーラトランジスター回路

□ 水分計

　庭などの土壌に含まれる水分を測る回路です。土壌の水分が適切なレベルの時に、メーターの針が1mAになるように可変抵抗R2を調整してください。それよりも水分量が少ないと、メーターが動きます。

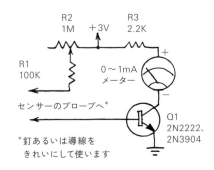

□ 水分で動くリレー

　これは、水分レベルが可変抵抗R2でセットしたレベルを超えると、リレー（6〜9V、500Ωコイル）を動作させる回路です。リレーによって、ライトや他の装置のスイッチが入ります。そのため、この回路を使って雨を感知することができます。

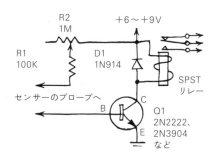

□ メトロノーム

　メトロノームは、「クリック」や「ポック」を規則的に発するものです。可変抵抗R2か、コンデンサーC1を調整して、クリック周期を調整してください。

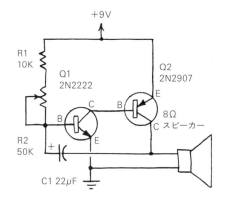

□ ライト・フラッシャー

　これは、1秒程度の間隔で光を点滅させる回路です。可変抵抗R1で明滅の速度を調整します。L1には、No.122か222*の豆電球を使ってください。

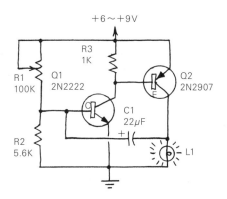

*訳注：アメリカ規格の電球の型番です。2.2V、0.25A程度の豆電球を使用してください。

□ サイレン

　スイッチS1をオンにすると、（コンデンサーC1が充電されるにつれて）スピーカーのトーン音の周波数が上がります。S1をオフにすると、スピーカーのトーン音の周波数は下がっていきます（C1が放電されるにつれて）以下のようになります。

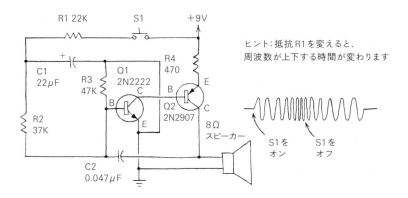

□ 高電圧電源

　この回路は、9V電池をつなぐと220Vのパルスを作ります。これによって、懐中電灯用の電池から170V以上もの電圧を取り出すことができます（コンデンサーC1の値をテストする必要があるでしょう）。この回路では直列につないだ1M抵抗を通じて、複数のネオンランプに電源を供給することができます）。

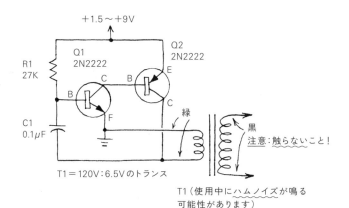

□ 防犯アラーム

マグネット・スイッチがオフになるか、窓に貼ったアルミ箔が破られると（電源が切れるまで）アラームが鳴り続ける回路です。最初に可変抵抗R1の値を最大にしてください。片方の端子をスイッチまたはアルミ箔に接続しないようにします。それから、ボリュームR1を調整し、アラームの音が止まるところまで落とします。この回路は6Vの電源を

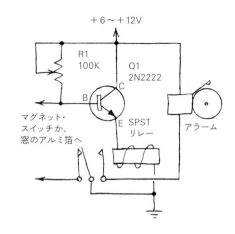

使った場合、わずか0.3mA程度だけ消費します。リレーは電源が6〜9Vの場合、6V、500Ωのものを使ってください。もし12Vの電源を使うのであれば、12V、1200Ωのものを使ってください。

注意：この回路の組立はもちろん、窓への設置と回路を隠すところまで、注意深く作業してください。

JFET回路

□ 電位計

1フィート（約30センチ）以上離れた場所（！）に置いた、静電気を帯びている物（プラスチック製のクシなど）の電気を検出することができる回路です。メーターの針が1mAを指すよう、可変抵抗R2を調節してください。「アンテナ」の近くに帯電した物を置くと、メーターの針が下がっていきます。

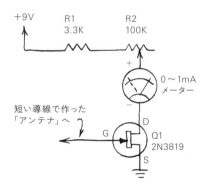

147

□ タッチスイッチ

屋外など、離れた場所にあるものをオンにする時に使います。回路の「オン」の箇所に軽く触れるとリレーが動作します。2の接触部分に触れると、リレーの動作が止まります。使用状況によっては、追加で「オフ」の回路が必要かもしれません。

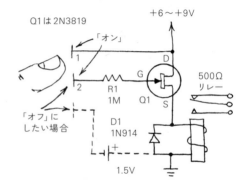

□ タイマー

スイッチS1を「リセット」にセットします（ブザーが鳴ります）。その後、S1を「タイム」にセットすると、ブザーが鳴り止み、遅延時間が過ぎるとまたブザーが鳴ります。ディレイタイムを長くするには、コンデンサーC1か抵抗R1の値を増やしてください。リセットモード中に可変抵抗R2の抵抗値を減らすと、リセットの時間が速くなります。

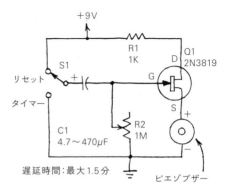

□ オーディオ・ミキサー

この回路は、複数のマイクや、その他の機材を同じアンプに接続できるようにします。可変抵抗R1とR3で、それぞれの入力レベルの減衰をコントロールします。つまり、R1とR3はバランス・コントロールとなります。

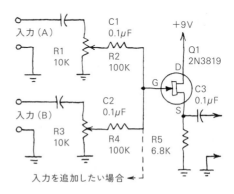

パワーMOSFET（DMOS*、VMOS**など）回路

* 訳注：Double-Diffused MOS　** 訳注：Vertical MOS

□ リニア・ライト調光器

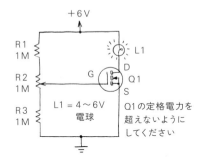

□ オーディオ・アンプ

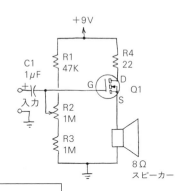

Q1 = NチャネルパワーMOSFET

　可変抵抗R2の設定を変えると、豆電球の明るさが変わります。この回路から、パワーMOSFETを可変抵抗器のように使えることがわかります。

　他の回路からのトーン音や信号を増幅する回路です。可変抵抗R2は、ゲイン（ボリューム）をコントロールします。

□ ロング・ディレイ回路

1. ディレイ後にオフにする回路
最初にスイッチS1をオンにし、それからオフにするとブザーがなる回路です。コンデンサーC1が内部的に、あるいは抵抗R1（なくてもよい）を通じて放電すると、トランジスターQ1はオフとなり、ブザーは止まります。ブザーが鳴っている時間（ディレイタイム）は長くすることができます。

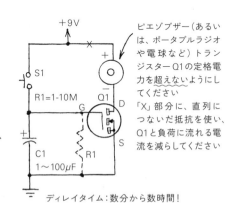

ピエゾブザー（あるいは、ポータブルラジオや電球など）トランジスターQ1の定格電力を超えないようにしてください
「X」部分に、直列につないだ抵抗を使い、Q1と負荷に流れる電流を減らしてください

ディレイタイム：数分から数時間！

2. ディレイ後にオンにする回路

トランジスター Q2 は、Q1 の状態を逆にするものです。そのためブザーは、ディレイタイムが終わった後に鳴ります。コンデンサー C1 の値を増やすと、ディレイタイムが長くなります。

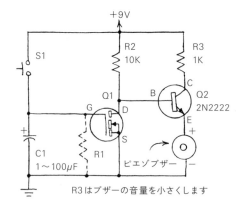

R3 はブザーの音量を小さくします

UJT回路

2N4891

□ タイムベース回路

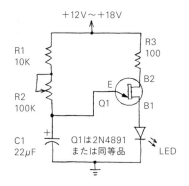

□ トーン・ジェネレーター

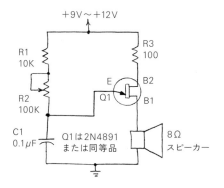

UJT*（Q1）がオンになるごとに、コンデンサー C1 に充電された電荷が LED に放電されます。そうすると LED が点灯します。LED が点灯している間に、その明るさは減衰していきます。可変抵抗 R2 で点滅の速度を調整でき、1 秒ごとに 1 回点滅するように設定することもできます（時間の基準を決める役割を果たします）。

*訳注：UJT は現在では入手困難です。

この回路は、上記のタイムベース回路と原理は同じです。コンデンサー C1 は充電と放電のサイクルをスピードアップするために、とても小さくなっています。そのため、オーディオ帯域の周波数がスピーカーから出力されます。なお、この回路を拡張することができます（下の回路図を見てください）。

□ オルガン

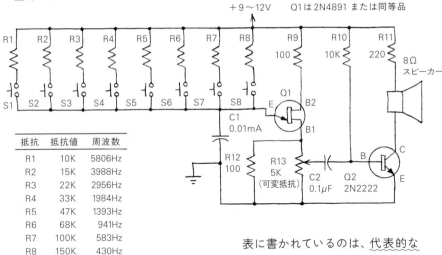

抵抗	抵抗値	周波数
R1	10K	5806Hz
R2	15K	3988Hz
R3	22K	2956Hz
R4	33K	1984Hz
R5	47K	1393Hz
R6	68K	941Hz
R7	100K	583Hz
R8	150K	430Hz

表に書かれているのは、代表的な周波数です。全体の周波数レンジを変更するには、コンデンサーC1を交換してください。

□ ランプ波ジェネレーター

トランジスターQ2が、コンデンサーC1の電圧を参照し、ランプ波（または「ノコギリ」波）を出力します。抵抗R3は出力されるランプ波の周期をコントロールします。

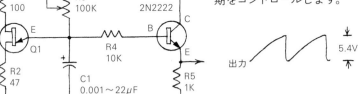

ランプ波は、徐々に増加する電圧を供給することができるため、さまざまな回路で使われています。

□ さえずり・ジェネレーター

　この回路は、ちょっと変わったさまざまな音を生み出します。回路図の通り、「チャープ（さえずり）」音の周期は、可変抵抗R3によって決まります。コンデンサーC1やC2、可変抵抗R3の値を変えて、さまざまな音を試してみましょう。

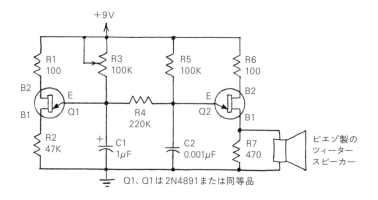

□ 電圧感知発振器

　V_{IN}が、ダイオードD1の電圧V_Zを下回ると、音が鳴る回路です。音が止まってほしい電圧にあわせて、適切なV_ZのD1を選んでください。この回路で（他の回路に使われている）電池の電圧が、設定したレベルよりも下回ったか調べることができます。シンプルですが、洗練された回路の見本といえるでしょう。

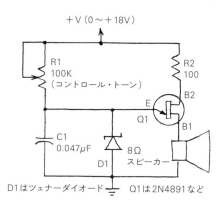

サイリスター回路

　SCR（Silicon Controlled Rectifier）とトライアックは、半導体スイッチと同じくらい、さまざまな種類の装置に使われています。

SCR回路

□ ラッチ型スイッチ

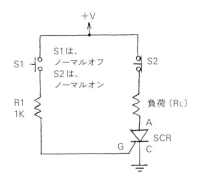

□ 試験回路

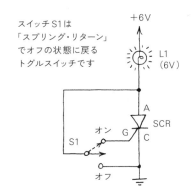

スイッチS1がオンになるとSCRがオンになり、負荷R_Lに電流を流します。S1をオフにしても、負荷が（逆起電力を生む）DCモーターのようなものでない場合、S2を短くオフにしないかぎり、SCRはオンのままの状態になります。

スイッチS1はSPDTスイッチです。「オン」の状態にある時、SCRはオンになり、豆電球が光ります。スイッチがオフの時、SCRに電流が流れなくなるため、SCRは「オフ」になります。

□ コンデンサー放電式LED点滅回路

SCRがオフの時、抵抗R4を介してコンデンサーC2が充電されていきます。UJT Q1からのパルスによって、SCRがオンになると、コンデンサーC1に充電された電荷は、急激にLEDに「放電」されます。やがてSCR（とLED）は十分な電流がなくなるために、オフとなります。このサイクルが繰り返されるので、LEDが点滅します。

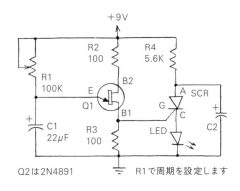

153

トライアック回路

□ 試験回路

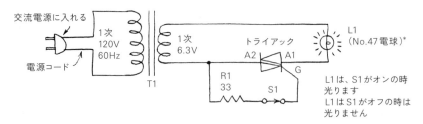

*訳注：これはUS規格の電球の型番です。
6.3V、0.15A程度の一般的な豆電球を使用してください。

注意：トライアックは、交流電流で動作させるために設計されています。家庭用電源で扱う時は、一般的に知られている安全対策を行ってください。必ず、すべての交流用の電線を、絶縁または、被覆するようにしてください。

□ 調光回路

1. 6.3V調光器

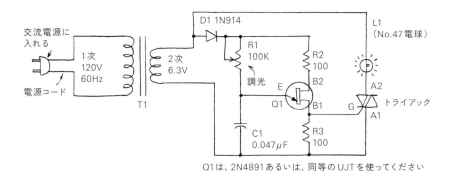

Q1は、2N4891あるいは、同等のUJTを使ってください

UJT発振器は、可変抵抗R1によって制御された周期によって、トライアックや豆電球などをスイッチングします。

2. 120V調光器

この回路は、家庭用の調光器としてよく使われています。電球L1は、最大で100w（120V）のものが使えます。もしトライアックが熱くなるようでしたら、ヒートシンク（放熱器）を使ってください。ダイアックは、双方向トリガダイオードです。

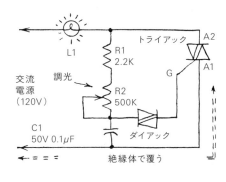

注意：利用時は必ず、この回路のすべてを絶縁体で覆ってください。

光学回路

光学部品を使った回路にはさまざまな種類があり、またすべての回路がとても興味深いものです。

発光ダイオード（LED）回路

□ LED駆動回路

直列の抵抗を使って、LEDに流れる電流を制限する必要があります（特別なパルス回路や、専用のLEDドライバーICを使う場合を除く）。

$$Rs = \frac{+V - (V_{LED})}{I_{LED}}$$

例：5V電源からの順方向電流（I_{LED}）10mA（0.01A）を使って、赤色LEDを点灯させたいとしましょう。LEDのデータシートに、LEDの電圧（V_{LED}）が1.7Vと記載されている場合、抵抗Rsは（5−1.7）/0.01つまり、330Ωとなります。

□ LEDの輝度を可変にする

　LEDを流れる電流を変化させるように可変抵抗R1を調節します。そうすると、LEDの明るさが変化します。Rsを必ず使ってください（LED駆動回路を参照してください）。

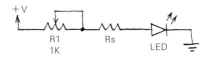

□ 極性表示回路

　この回路は、電圧の極性を表示します。抵抗Rsを必ず使ってください（LED駆動回路を参照してください）。

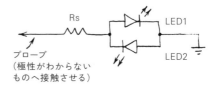

LED	＋	－	交流（±）
1	オン	オフ	オン
2	オフ	オン	オン

□ 3ステート極性表示回路

　これは、極性表示回路がもっとカラフルになったものです。

V_{IN}	色
＋	赤
－	緑
交流（±）	黄色*

*2色LEDを使用している場合

$$R1 = \frac{V_{IN} - (V_{LED2} + 0.6)}{I_{LED2}} \qquad R1 + R2 = \frac{V_{IN} - V_{LED1}}{I_{LED1}}$$

□ デュアルLED点滅回路

この回路は、無安定マルチバイブレーターとも呼ばれます。これは、自分自身を繰り返しトリガーするフリップフロップ回路として動作します。Q1とQ2には汎用トランジスター（2N3906、2N2907など）を使います。抵抗R1とR2は（交互に点滅している）LEDへの電流を制限します。コンデンサーC1とC2の値を大きくすると、点滅のスピードが遅くなります。

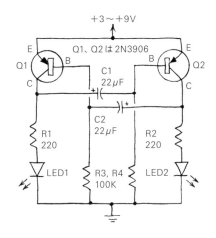

□ 電圧レベル表示回路

それぞれの回路において、+Vがツェナーダイオードの降伏電圧に達した時、LEDが光ります。各LEDにそれぞれ抵抗Rsを取り付けるようにしてください（LED駆動回路を参照してください）。右の回路は、ツェナーダイオードの電圧Vzが徐々に高くなるように並べて、バーグラフ状にLEDが点灯するようにしたものです。大きなVzが必要な場合は、複数のツェナーダイオードを直列にすることで、降伏電圧の合計をVzにすることができます。

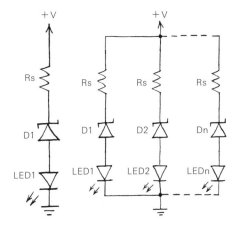

□ 点滅LED＋リレー

　点滅LEDは、毎秒数回LEDを点滅させるICを内蔵しています。この回路は（トランジスターQ1を通じて）、LEDの点滅周期を使ってリレーを「タップ」して豆電球を点滅させる、非常にシンプルな回路です。ダイオードD1は、点滅LEDへの電圧を5V程度にするために必要です。

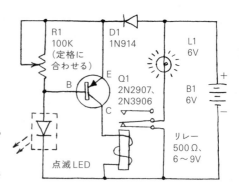

半導体光検出回路

□ 測光計回路

1.　フォトレジスター

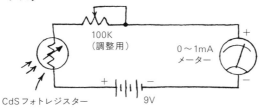

2.　太陽電池

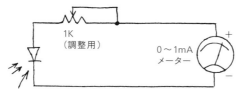

太陽電池（またはフォトダイオードや、フォトトランジスターのコレクターとベース）

□ 光動作リレー回路

1. フォトレジスター

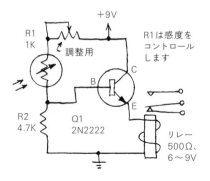

2. フォトトランジスター

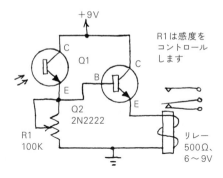

明かりがなくなった後も、短時間リレーはオンの状態になっています。

1のフォトレジスター回路より素早く反応します。明かりがなくなった後の遅延はありません。

□ 光で停止するリレー回路

1. フォトレジスター

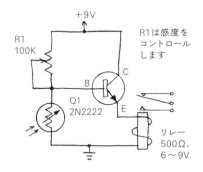

2. フォトトランジスター

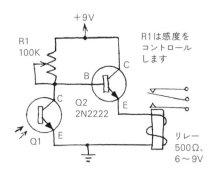

リレーはフォトレジスターが暗くなった時だけ動作します。

リレーは、トランジスターQ1が暗くなると動作します。Q1に光が当たると、リレーがオフになります。可変抵抗R1で感度を調整できます。

□ 光で音を鳴らす回路　　　□ 太陽電池を使った充電回路

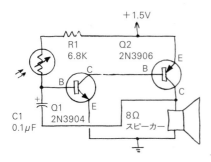
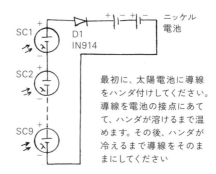

　これは、この本で一番楽しい回路でしょう。トランジスター Q1 と Q2 には、さまざまな種類の PNP と NPN トランジスターが使えます。スピーカーからのトーン音の周波数は、フォトレジスターに当たる光の強さが増すと高くなります。これはとてもよく反応します！

試してみよう：トーン音が、クリック音の連続になる程度に遅くなるまで、この回路を暗い部屋で動作させてみましょう。それから、懐中電灯でフォトレジスターに明るい光を当ててみましょう……

　2 つのニッケル電池を充電するために、9 つの太陽電池（SC1～SC9）を使います。太陽電池からの電流は、ニッケル電池が充電できる定格を超えないようにしてください！ ニッケル電池とダイオード D1 の間に、テスターをつないで電流を確認できます。電流を減らすためには、太陽電池の数を減らすか、抵抗を直列につなげるとよいでしょう。D1 は、ニッケル電池の電力が（暗くなった時に）太陽電池を通じて放電しないようにするものです。太陽電池は壊れやすいので、ハンダ付けの時や固定する時に気を付けてください。

□ 光動作式ラッチ回路

1. リレー　　　　　2. LED（または豆電球）　3. ブザー

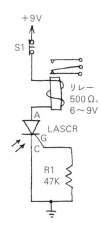 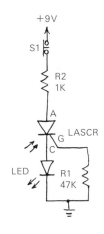 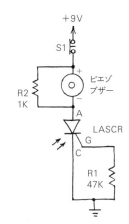

　これらの回路は光で動作します。スイッチS1をオフにすると、LASCR（光動作SCR、101ページ参照）はオフとなります。いくつかのLASCRは、他のものより光の感受性が高くなっています。が、ほとんどの物は、カメラのストロボ（キセノン・フラッシュのような）の光に反応してトリガーとなります。

デジタルIC回路

　デジタルICを使うのはとても簡単です。ここでは、TTLとCMOS回路をいくつかご紹介します。

TTL回路

□ 動作要件

1. 電源電圧は、5.25Vを超えないこと。177ページの電圧安定回路を参照するか、以下の回路を使用してください。

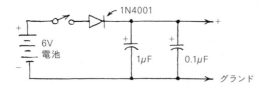

2. 入力電圧は、5.25Vを超えないようにしてください。
3. 入力部分は必ずどこかに接続します（離れたままにしてはいけません）。
4. 電力を節約するために、使用していないゲートの出力を「H」にするようにします（例えば、使用していない「NAND」は、入力の1つをローにすることで出力をハイにすることができます）。
5. 回路の配線を長くしないようにしましょう。
6. 1～10μFのコンデンサーを、電源をまたぐようにして、回路の電源をつなぐ部分に配置しましょう。
7. 0.1μFのコンデンサーを、回路の各TTLの電源ピンの部分に配置しましょう。
8. TTLは、LSやCMOSより多くの電流を消費することを覚えておきましょう。

□「D」フリップフロップ

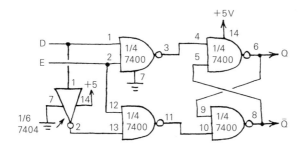

- イネーブル信号（E）がハイの時はQ=D
- Eがローの時は変化しません

□ クロック付き「RS」フリップフロップ

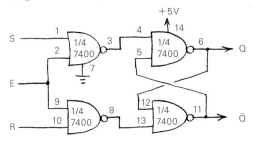

「RS」フリップフロップは、イネーブル信号（E）がハイの時動作します

□ デュアルLED点滅回路

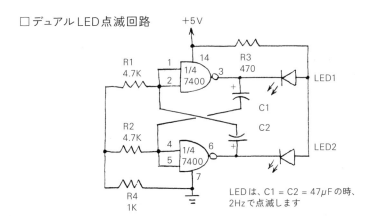

LEDは、C1 = C2 = 47μFの時、2Hzで点滅します

□ トーン・ジェネレーター

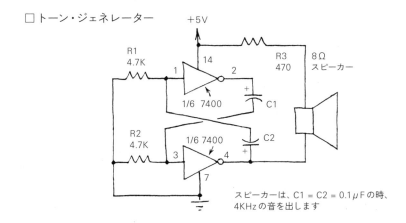

スピーカーは、C1 = C2 = 0.1μFの時、4KHzの音を出します

□ 0〜9秒（または分）タイマー

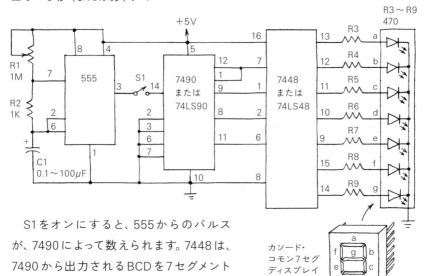

S1をオンにすると、555からのパルスが、7490によって数えられます。7448は、7490から出力されるBCDを7セグメントの数字に変換し、LEDディスプレイに出力します。パルスの周期は、可変抵抗R1とコンデンサーC1を調整することによって変えられます。桁を追加するには以下のようにします。

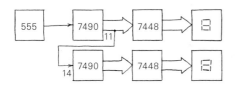

ヒント：この基本的な回路は、他の回路からのパルスをカウントします。555を取り外し、パルス信号（上限5V）を7490に供給してみましょう。

□ 5分周回路

ひと続きの「パルス信号」を5で分周します。先ほど紹介したタイマー回路の入力部分を使ってもよいでしょう。

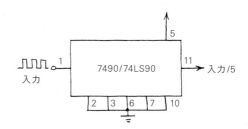

□ 10分周回路

ひと続きのパルス信号を10で分周します。先ほど紹介したタイマー回路の入力部分を使ってもよいでしょう。

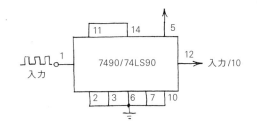

 CMOS回路

□ 動作要件

1. CMOS回路への電源電圧（VDD）は、+3から+15V（+18Vまでのこともあります）となります。177ページで紹介する電源を使うか、（一番よいのは）乾電池を使うことです。

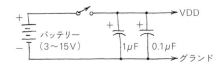

2. 入力電圧はVDDを超えないようにしてください。
3. 使わない入力はすべて、VDDかグランド（⏚）につないでください。
4. 電源のはいっていないCMOS回路には、絶対に信号を入力しないでください。

*訳注：ちなみに、監訳者は通常の（交流電源の）ハンダごてで作業をして、いままで問題が起きたことはありません……

□ 取り扱いの注意

1. 回路で使っていたり、適切な保管場所に置いてある場合以外は、CMOS ICのピンをアルミ箔かアルミ製のトレイに接触させた状態で保管してください。
2. 非導電性のプラスチックトレイや、袋、スポンジなどにCMOS ICを保管しないでください。アルミ箔で包んだビニール袋か、導電性のスポンジに足を差し込んで保管してください。
3. 交流電源からの電力でCMOS ICの足をハンダ付けしないようにしてください*。ICソケットを使うか、ワイヤーラッピングにするか、あるいは乾電池式のハンダごてを使うようにしてください。
4. CMOS ICに触れる前に、グランドに接続された物に触り、体の静電気を取り除いてください。

□ チャタリング除去スイッチ回路

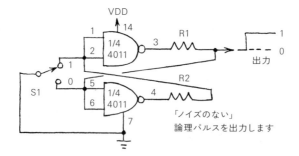

□ LED「ゲート付き」点滅回路

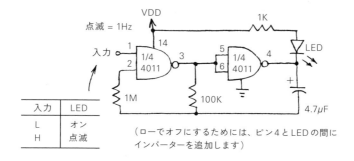

入力	LED
L	オン
H	点滅

（ローでオフにするためには、ピン4とLEDの間に
インバーターを追加します）

□「ワンショット」接触スイッチ回路

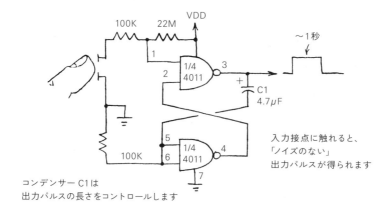

入力接点に触れると、
「ノイズのない」
出力パルスが得られます

コンデンサーC1は
出力パルスの長さをコントロールします

□ デュアルLED点滅回路

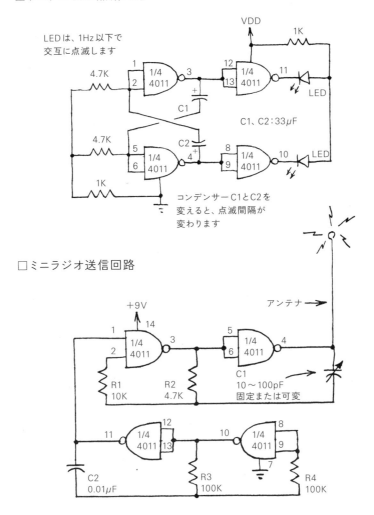

□ ミニラジオ送信回路

近くのラジオにトーン音を送ります。ラジオとコンデンサーC1の両方を調整し、トーン音が聞こえるようにします。C2はトーンの周波数を調整します。アンテナとして、1〜2フィート（約30〜60センチ）の導線を使ってください。

□「ゲート付き」トーン発振回路

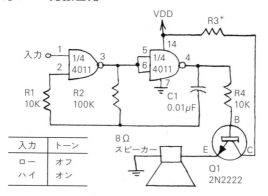

　図で示している値を使うと、1.3KHzのトーン音が鳴ります。コンデンサーC1とR2は、トーン音の周波数を調整します。入力は、スイッチ（VDDとグランドが切り替えられる）または論理信号にすることができます。

□標準タッチスイッチ

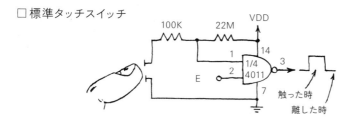

　イネーブル入力（E）がハイの時、回路が反応します。

□10倍リニア増幅回路

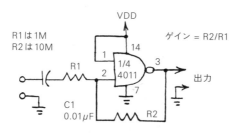

　デジタル・ゲートに、デジタルではない仕事をさせる回路です。

□ 周波数発生回路

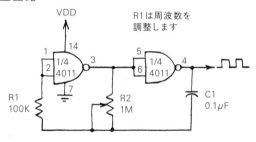

他のCMOS回路に「クロック」パルスを送る時に使う回路です。

□ 豆電球点滅回路

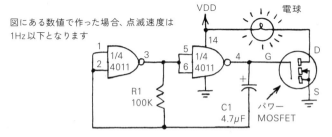

コンデンサーC1と抵抗R1で減速度を調節します。豆電球の電源を分けてもかまいません。

□ エレクトリック・コイン投げ回路

スイッチS1をしばらく押してください。テストの結果は以下のようなものになります。

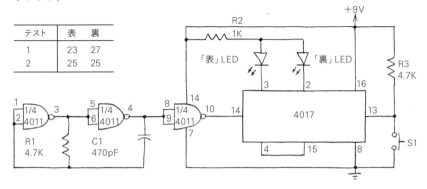

テスト	表	裏
1	23	27
2	25	25

□ 乱数発生回路

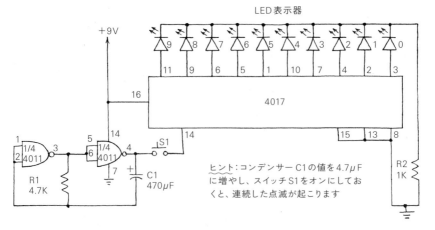

S1をオンにすると、すべてのLEDがかすかに光ります。S1をオフにすると、ランダムに選ばれたLEDが光ります。

□ 4ステップシーケンス回路

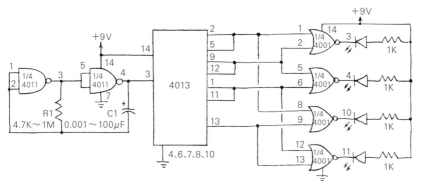

それぞれのLEDは、順番に消えます。

□ 鉄道模型用踏切ライト回路

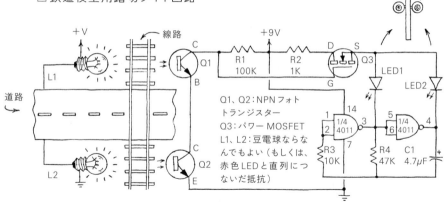

電車がトランジスターQ1とQ2に当たる豆電球の光をさえぎると、LEDが交互に点滅します。電車が通り過ぎるまで、LEDの点滅は続きます。Q1とQ2を1インチ（2.5センチ）の熱収縮チューブで覆って、部屋の明かりが当たらないようにしてください。

□ プログラマブル・ゲイン増幅回路

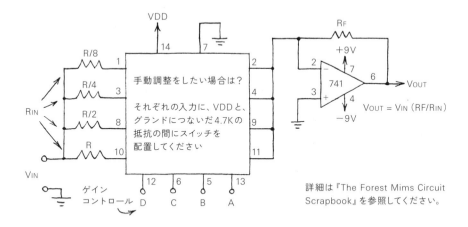

詳細は『The Forest Mims Circuit Scrapbook』を参照してください。

抵抗R_{IN}を変えるには、D・C・B・Aの入力にコントロール信号を送ってください。0001〜1111までの値でRからR/15までR_{IN}が変化します。一般的に抵抗値は、R、RF = 10Kです。

□ 全オフ全オンシーケンス回路

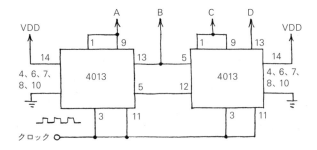

すべての出力が順番に（A…B…C…D…A…B…など）ローになってからハイになります。LEDは、視覚表示として使います。「バケツリレー」をするには、左の4013のピン5を、右の4013のピン13（ピン12ではありません）に接続してください。

リニアIC回路

リニアICを使うと、驚くべきさまざまな回路を作ることができます。ここではその可能性の中から数点ご紹介します。

オペアンプ回路

□ オーディオ・アンプ

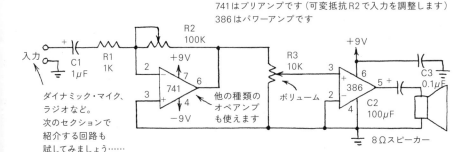

□ ミキサー

複数の入力を同時に使うことができます。オーディオ・アンプ回路と一緒に使ってください。

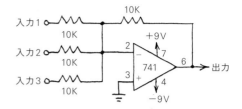

□ 差動増幅回路

入力1と入力2の差が増幅されます。

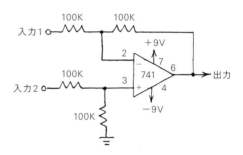

□ パーカッション・シンセサイザー（ベル、ドラムなど）

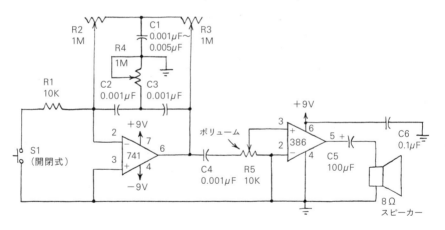

可変抵抗R1とR3を真ん中に合わせます。可変抵抗R4を、発振が止まるところまで調整してください。スイッチS1を閉じて可変抵抗R2、R3、R4を調整し、もう一度試してみましょう。うまく調整すると、電子ベルやドラム、ボンゴの音のようにすることができます。

□ 光音声送信回路

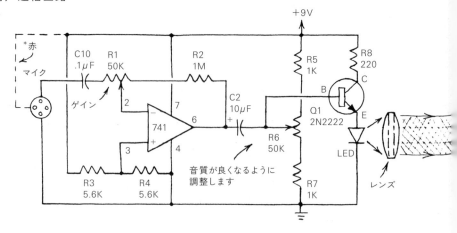

マイクは、クリスタルマイクもしくは、エレクトレット・コンデンサーマイクを使ってください。LEDは赤外線LEDを使用します。レンズを使って、LEDからの光を細い光の束に集めます。テストをする時は、ラジオのイヤフォンをマイクのそばに置きましょう。音をうまく受信できるように、可変抵抗R1とR6を調節してください。

□ 光センサー・アップダウントーン発振器

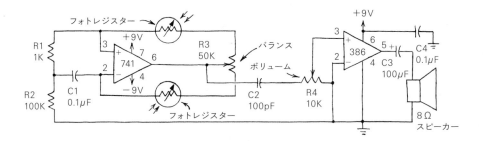

暗い部屋にこの回路と懐中電灯を持っていき、試してみましょう……

□ 光波通信受信機

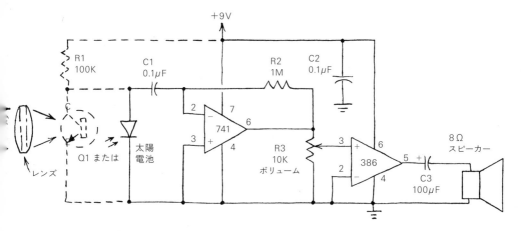

　光に変換された音声やトーン信号を検出します。受信できる音声信号の範囲を広げるためにレンズを使いましょう。太陽の光から検出器を遠ざけてください。
　検出器：抵抗R1とフォトトランジスター Q1または、太陽電池を使ってください。

コンパレーター回路

□ 電圧モニター回路

　入力電圧が0の時、LEDが光ります。可変抵抗R1で決めたレベルまで入力電圧が上がると、LEDが消えます。741のピン2と3の接続を逆にすると、動作モードが逆転します。

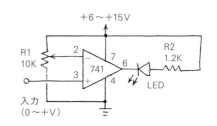

□ 光量レベル表示回路

　可変抵抗R2で決めたレベルまで光量が落ちると、ブザーが鳴ります。741のピン2と3の接続を逆にすると、光量が上がった時にブザーが鳴ります。

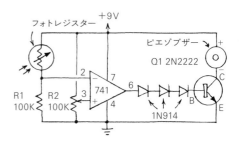

□ 棒グラフ式電圧表示回路

　入力電圧が高くなると、LEDが順番に光り始めます。可変抵抗R1は感度を調節します。

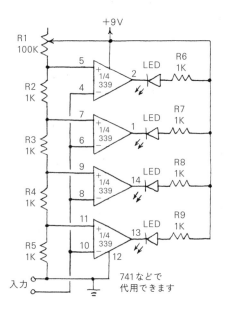

□「ウィンドウ」コンパレーター

　可変抵抗R1を真ん中にあわせます。明かりを消して可変抵抗R3を、LED2が点灯するところまで回します。回路は以下のように動きます（R1とR3で反応を調節します）。

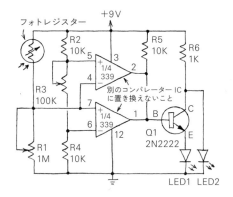

　　暗い ─────→ 明るい
LED1 = オフ ←── オン ──→ オフ
LED2 = オン ←── オフ ──→ オン

電圧レギュレーター回路

☐ 固定出力電源回路

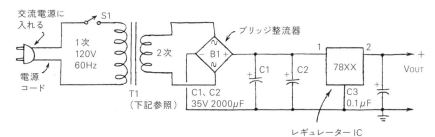

レギュレーターIC
7805 = 5V
7812 = 12V
7815 = 15V

ヒートシンク
取り付け用タブ
1 = 入力
2 = 出力
3 = グランド

　この基本的な電源回路は、適切に放熱されていれば最大1.5Aの電流を供給することができます。なお、定格電圧と電流に合わせたトランスを使う必要があります。もしICが過熱した場合、この回路は「シャットダウン」してしまうので、ICのタブとヒートシンクの部分に放熱用のシリコンオイル・コンパウンドを塗布するとよいでしょう。交流電源へつながるすべての接続は、必ず絶縁するか、被覆したものを利用してください！

注意：この回路は、
交流電源を使います。

☐ 可変出力電源回路

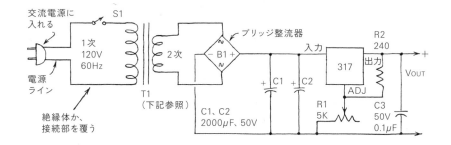

この電圧が調整できる電源回路は、最大1.5Aで1.2～37Vまでの電力を供給することができます。可変抵抗R1はV_{OUT}をコントロールします（もし、V_{OUT}が最小値の時、1.2Vにならない場合、R1が充分に低い抵抗値になっていない可能性があります）。T1は25V（以上）の2次電圧と、2A以上の定格電流を必要とします。

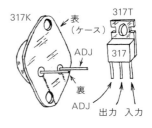

タイマー回路

□ 基本的なタイマー回路

　スイッチS1を押すとすぐにタイマーが動作します。タイマーの動作が終わるまで、リレーがオンになります。可変抵抗R1とコンデンサーC1でタイマーの遅延を調整します。長い時間遅延させる場合は、C1の容量をとても大きくしてください。この回路は、ロジック回路のパルスでも動作させることができます。

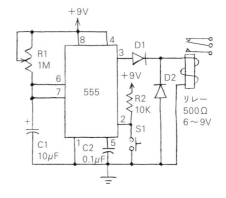

□ トーンバースト発振回路

　スイッチS1を押すと、スピーカーがトーン音を数秒間鳴らします。S1を押すのをやめても、トーン音は数秒続きます。コンデンサーC2と抵抗R4はトーン音の継続時間を調整します。C1は周波数を調整します（555は電流の消費量が大きいためCMOSタイプの7555だけを使ってください）。

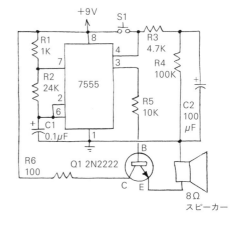

□ パルス発振回路
　デジタル回路に、パルスを供給する時などに使う回路です。

□ LEDトーン送信機
　光波通信受信機のテストに使えます。

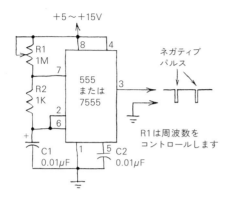

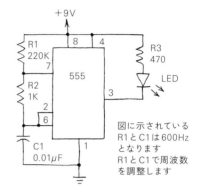

□ 明暗検出回路

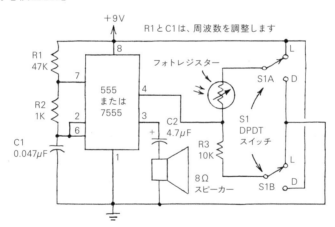

　スイッチS1が「L」の場所にあると、光がフォトレジスターを照らしている時、スピーカーがトーン音を鳴らします。S1が「D」の場所にあると、フォトレジスターに明かりが当たっていない時、スピーカーがトーン音を鳴らします。

□ 3ステート・トーン発振回路

S1:

1. トーンバースト

2. 一定のトーン

3. 2種類のトーン

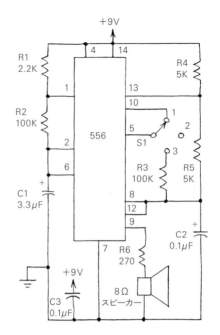

□ 時間切れ検出器

電源が供給されると、555がタイマーを動作させます。タイマーが終了する前にスイッチS1がオンになっていないと、ピエゾブザーが鳴ります。S1をオンにするたびに、タイマーはリセットされます。

メモ：S1は他の回路からの信号に置き換えてもよいでしょう。

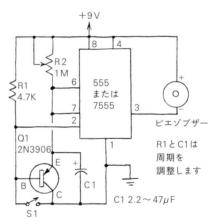

索引

数字

0〜9秒(または分)タイマー	164
2進数	110
2進-10進変換器	119
2端子サイリスター	081
3ステート・インバータ	116
3ステート・トーン発信回路	180
3ステート・バッファ	116
3ステート極性表示回路	156
3入力ANDゲート	115
3入力NANDゲート	115
4000	125
4インプットNANDゲート	118
4ステップシーケンス回路	170
4層ダイオード	081
5分周回路	164
7400	124
7404	124
74C00	125
74C04	125
74HC00	125
74LS00	124
9V電源	140
10進カウンター	123
10倍リニア増幅回路	168
10分周回路	165

アルファベット

A(アンペア)	019
AC	024
AC-DC選択フィルター	048
ACアダプター	136
ANDゲート	108, 113, 118
CdS	093
CMOS	125
CMOS回路	165
DIP	105
DODT	034
DPST	034
Dフリップフロップ	121, 162
Dフリップフロップ・データ記憶レジスター	122
E	019
F	044
FET	069
IC	104
JFET	069
JFET回路	147
JFET電位計	074
JKフリップフロップ	121
LASCR	101
LED	087
LEDディスプレイ	090
可視光線LED	089
赤外線LED	089
LED極性インジケーター	091
LED駆動回路	090, 155
LEDゲート付き点滅回路	166
LEDトーン送信機	179
LEDの輝度を可変にする回路	156
MOSFET	071
MOSFETデジタル	124
MOSFET電球調光器	075
MOSFET電球ドライバー	074
NANDゲート	113
NMOS	124
NORゲート	114, 115, 118
NOTゲート	109, 113
NPNバイポーラトランジスター	126
NPNフォトトランジスター	098

N型半導体	058
ORゲート	109, 114, 115, 118
P	020
PCB	134
pF	044
PLL	131
PMOS	124
PN接合	058
P型半導体	058
Pチャネル	124
R	020
RC回路	049, 129
RC時定数	049
RS型フリップフロップ	120
RTL	112
SCR	077
SCR回路	153
SPDT	034
SPST	033
T2L	124
TTL	124
TTL回路	161
Tフリップフロップ	121
Tフリップフロップ・カウンター	122
UJT	075
UJT回路	150
V（ボルト）	019
Vz	061
W（ワット）	020
XNORゲート	115, 118
XORゲート	115, 118
μF	044
Ω	020

あ行

アース	029
圧電素子	036
アナログIC	105
アナログテスター	026
アノード	059
アンテナコイル	051
アンペア	019
イオン	013, 022
位相同期回路	131
陰イオン	013
インダクタンス	051
インバータ	116, 118
インバートNOTゲート	116
インピーダンス	054
ウィンドウコンパレーター	176
エミッター	064
エミッター接地回路	067
エレクトロニック・コイン投げ回路	169
エンコーダー	120
鉛筆	038
オーディオ・アンプ	131, 149, 172
オーディオ・ミキサー	148
オーディオトランス	054
オーム	020
オームの法則	020
オペアンプ	127
オペアンプ回路	172
オルガン	151

か行

回路図	028
カスケード遁倍回路	142
カソード	059
可動式コイルメーター	019, 036
可変出力電源回路	177
可変抵抗	040
可変容量コンデンサー	045
カーボンフィルム抵抗	037, 040
カラーコード（抵抗）	038
乾電池	022, 136
基板	133
基本的なタイマー回路	178
逆降伏電圧	061
共振周波数	051
極性表示回路	156
近赤外線	084
金属酸化膜半導体FET	071
金属皮膜抵抗	040
組み合わせ回路	117

グランド	029	差動増幅回路	173
グリッチ	048	磁界	018
クロック付きRSフリップフロップ	120, 163	時間切れ検出器	180
ゲート	108	試験回路	153, 154
ゲート付きトーン発振回路	168	試作回路	132
ケーブル	033	実効値	025
結晶（シリコン）	056	湿電池	022
原子	012	ジャンプワイヤー	132
検電器	016, 074	集積回路	104
コイル	020, 023, 050	自由電子	013
アンテナコイル	051	周波数発生回路	169
チョークコイル	052	順序回路	120
同調コイル	051	ショート	028
高インピーダンス	026	シリアル	110
光学回路	155	シリコン	056, 104
光子	082	シリコン制御整流子	077
高周波トランジスター	066	シングル入力ゲート	116
高電圧回路	146	信号	031
高電圧用トランス	054	真理値表	108
光波通信受信機	175	水銀スイッチ	034
降伏電圧	061	スイッチ	033
交流矩形波	031	スイッチング用トランジスター	065
交流三角波	031	水分計	144
交流正弦波	031	水分で動くリレー	145
交流電流	024	スパイクの除去	048
光量レベル表示回路	175	スピーカー	036
固定出力電源回路	177	正弦波	025
琥珀	015	正孔	014
コレクター	064	静電気	014
コンデンサー	043	静電容量	044
可変容量コンデンサー	045	整流用ダイオード	061
電解コンデンサー	046	ゼーベック効果	024
コンデンサー放電式LED点滅回路	153	積分回路	049
コンパレーター	128	絶縁体	017
コンパレーター回路	175	絶縁トランス	053
		接合型FET	069
		全オフ全オンシーケンス回路	172
さ行		全波整流	062
		測光計	094
サーミスター	040	ソリッドステートスイッチ	077
サイリスター	077	ソルダーレス・ブレッドボード	132
サイリスター回路	152	ソレノイド	021
サイレン	146		
さえずり・ジェネレーター	152		

た 行

ダイアック 081
ダイオード 058, 139
　アノード 059
　カソード 059
　整流用ダイオード 061
　全波整流 062
　ツェナーダイオード 061
　発光ダイオード 061
　半波整流 062
　フォトダイオード 061
　ブリッジ整流回路 062
ダイオード AND ゲート 112
ダイオード OR ゲート 111
ダイオードゲート 111
タイマー 128, 148
タイマー IC 130
タイマー回路 178
タイムベース回路 150
ダイヤフラム 036
太陽電池 102, 136, 158
太陽電池を使った充電回路 160
タッチスイッチ 148
単線 032
短絡回路 028
チャープ音 152
チャタリング除去スイッチ回路 166
中性子 012
調光回路 154
リニア・ライト調光器 149
チョークコイル 052
直並列回路 028
直流正弦波 031
直流電流 019, 022
直流のこぎり波 031
直列回路 027
直列回路（コンデンサー） 047
直列回路（抵抗） 041
ツェナーダイオード 061
ツェナーダイオード回路 143
抵抗 020, 037
　カーボンコンポジション抵抗 037

カーボンフィルム抵抗 040
可変抵抗 040
カラーコード 038
金属皮膜抵抗 040
サーミスター 040
トリマポテンショメーター 040
フォトレジスター 040
ポテンショメーター 040
巻線抵抗 040
ディレイ後にオンにする回路 150
データセレクター 119
デコーダー 120
デジタル IC 105, 124
デジタル IC 回路 161
デジタルテスター 026
テスター 025
鉄道模型用踏切切り替え回路 171
デマルチプレクサー 119
デュアル LED 点滅回路 157, 163, 167
電圧 019
電圧レギュレーター 143
電圧 2 倍回路 141
電圧 3 倍回路 142
電圧 4 倍回路 142
電圧感知発振器 152
電圧降下 019, 111
電圧ドロッパー 140
電圧モニター回路 175
電圧レギュレーター 130, 140
電圧レギュレーター回路 177
電圧レベル表示回路 157
電位計 147
電界効果トランジスター 069
電解コンデンサー 046
電解質 022
電気 010
電気回路 026
電源 136
　ノイズ除去 048
電子 012
電磁界 023
電磁石 021
電磁スペクトラム 083
点滅 LED ＋リレー 158

185

電流	014, 018, 019
電力	020
電力変換	054
同軸ケーブル	033
導線	032
導体	017
同調コイル	051
トーン・ジェネレーター	150, 163
トーンバースト発生装置	178
凸レンズ	086
トライアック	079
トライアック回路	154
トランジスター	063
エミッタ	064
コレクター	064
ベース	064
スイッチング用トランジスター	065
バイポーラトランジスター	064
トランジスター回路	144
トランジスターゲート	112
トランス	051, 052
オーディオトランス	054
高電圧用トランス	054
絶縁トランス	053
電力変換	054
巻数比	053
1次コイル	051
2次コイル	051
トリマポテンショメーター	040

な行

波	031
ノイズ	031

は行

バイアス抵抗	068
バイポーラ・デジタルIC	124
バイポーラIC	104
バイポーラトランジスター	064
バイポーラトランジスター回路	144
バイポーラトランジスター交流増幅回路	068
バイポーラトランジスタースイッチ	067
バイポーラトランジスター直流増幅回路	067
パーカッション・シンセサイザー	173
波形クリップ回路	144
バス	110, 116
波長	083
発光ダイオード	061, 087
発光ダイオード回路	155
→「LED」も参照	
バッファ	116, 118
パラレル	110
パルス	030
パルスLED	091
パルス発振回路	179
パワートランジスター	066
パワーMOSFET回路	149
ハンダ付け	134
反転入力（オペアンプ）	127
半導体	056
N型半導体	058
P型半導体	058
半導体光検出回路	158
半導体光検出器	092
半波整流	062
ピーク電圧	025
ビームスプリッター	085
光音声送信回路	174
光サイリスタ	100
光起動式SCR	101
光スペクトラム	084
光センサー・アップダウントーン発振器	174
光で音を鳴らす回路	160
光で停止するリレー回路	159
光動作式ラッチ回路	161
光動作リレー回路	159
光ファイバー	085
非反転入力（オペアンプ）	127
微分回路	049
標準タッチスイッチ	168
ファラド	044

ファンクションレギュレーター 130
フィードバック（オペアンプ） 128
フィルター（光学部品） 084
フォトダーリントン・トランジスター 098
フォトダイオード 061, 094
　NPNフォトトランジスター 098
　フォトダーリントン・トランジスター 098
フォトトランジスター 097, 159
フォトニクス 082
フォトレジスター 040, 158, 159
フォトレジスター型光検出器 092
フォトン 082
負荷 027
ブリッジ整流回路 062
フリップフロップ 120
プリント基板 134
プログラマブル・ゲイン増幅回路 171
分圧回路（抵抗） 042
並列回路 027
並列回路（コンデンサー） 047
並列回路（抵抗） 042
ベース 064
変調 031
棒グラフ式電圧表示回路 176
防犯アラーム 147
ポテンシャル 019
ポテンショメーター 040
本番用回路 133

ま行

マイク 036
巻数比 053
巻線抵抗 040
豆電球点滅回路 169
マルチプレクサー 119
ミキサー 173
ミニラジオ送信回路 167
明暗検出回路 179
メトロノーム 145
モーター 021, 023
モジュレーション 031

や行

ユニジャンクション・トランジスター 075
ユニバーサル基板 134
陽イオン 013
陽子 012
より線 032

ら行

ライト・フラッシャー 145
ラジアン 086
ラッチ回路 120
ラッチ型スイッチ 153
乱数発生回路 170
ランプ波ジェネレーター 151
リチウム原子 012
リップルノイズ 140
リニアIC 105, 126
リニアIC回路 172
リフレクター 085
硫化カドミウム 093
両方向波形クリップ回路 144
リレー 035
リンギング 030, 050
レギュレーターIC 130
レジスト 134
レンズ 085
ロータリースイッチ 034
ロジックIC 105
ロング・ディレイ回路 149
論理回路 117
論理ゲート 115

わ行

ワイヤーラッピング 133
ワンショット接触スイッチ回路 166

訳者あとがき

　この本の原書である『Getting Started In Electronics』は、見返しも含めて総130ページ、A4サイズのハンドブックです。頭からおしりまで、文字も回路図もすべて手書きで書かれた文字とイラストは、初心者にも親しみやすい誌面となっていますが、本国アメリカでは、この本からエレクトロニクスやコンピューターサイエンス、物理のキャリアをスタートしたと言うスターエンジニアやハッカーが少なくありません。著者のForrest M. Mims IIIと『Getting Started In Electronics』の名は、アメリカのエレクトロニクス愛好家にとっては「伝説」といっても言い過ぎではないでしょう。Tacocopterプロジェクト（http://tacocopter.com）の立ち上げなどで知られる、MIT出身の女性ハッカー、スター・シンプソンもこの本に影響を受けたひとり。「Forrest Mims IIIは多くの人の人生を変えた」と断言する彼女は、この本の内容をガイドとする初学者向けのハードウェアキット、Circuit Classic（http://circuitclassics.com/）を開発しています。

　1983年に、全米で展開する家電・電気パーツチェーン、RadioShackとの共同企画で刊行された、この『Getting Started In Electronics』は、やはり全編手書きで書かれた『Engineer's Mini-Notebooks』から発展した書籍です。54日かけて5Hの鉛筆を使って書き上げたという原書は、現在までに130万部を売り上げました。35年前の本ですが、エレクトロニクスの今も昔も変わらない基本が丁寧に書かれていますので、21世紀の今でも充分役に立つでしょう。また電子部品が電子部品として働くための、基本的な物理が説明されているため、いままでの入門書を何冊読んでもピンとこなかった、という人に特におすすめの一冊です。各電子部品それぞれに丁寧に説明され、使い方もとても詳しく書かれています。楽しいイラストととも紹介される実験や工作を通して、エレクトロニクスをより深く理解できる内容となっていますので、エレクトロニクスに興味があるが、どうやってはじめたらいいかわからないという人にもピッタリです。読むだけでなく、ぜひ実際に書いてある内容を試してみてください。

今回の日本語訳に関しては、ほぼ原書に忠実に訳しましたが、原書執筆当時と状況が変わっていることや、現在の日本で手に入りづらい部品に関しては、監訳者による最低限の注をいれてあります。監訳者である斉田 一樹と訳者である私は、実は夫婦なのですが、美大出身の妻はエレクトロニクスをいちから、エンジニアである夫の解説つきで訳しながら学ぶことになりました。原書のニュアンスを加味しながら、エレクトロニクス初心者でも理解できるような言い回しで、しかし現代のエンジニア目線での正確さに留意した内容で訳出できたのではないかと思っていますが、もしなにかお気づきの点がありましたら、出版社宛てにご連絡ください。また、原書の膨大なかわいくも緻密なイラストを、うまく「はじめよう」シリーズのデザインに落とし込み、日本語訳との置き換えをしてくださったデザイナーの中西 要介氏と、本文まで総手書きである原書の日本語版出版について、7、8年温めていた編集の田村 英男氏にもお礼を申し上げます。

　それでは、あまたのアメリカのハッカーのように、あなたのハッカー人生もこの本から始まりますよう。エレクトロニクスへのよい旅の始まりを祈って。

2018年、雪のふる日に　鈴木 英倫子

1983年に出版された原書のカバーと手書きの本文ページ

[著者紹介]

Forrest M. Mims III | フォレスト・M・ミムズ・III

この本の著者であるForrest M. Mims IIIは、科学やレーザー、コンピューター、そして電気に関する60冊以上もの本を執筆している。彼が書いた本の多くは、彼自身が組み立てて、テストまで行った電子回路や、作品を紹介したものだ。本を書く前は、ハワイのユニバーシティー・オブ・ザ・ネイションズで実験科学の教師として勤めるかたわら、さまざまな科学記事を雑誌や新聞に発表していた。

1983年に、Forrestはオゾン層を測定するシンプルな測定器を発明し、ロレックス・アワードを授与。近年では、太陽光と生態系における煙やほこり、煙霧の影響について研究を行っている。NASAは、熱帯雨林の火事によって発生する煙が大気と生態系にどのような影響を及ぼすのか測定するために、彼が発明した装置とともに彼を2度ブラジルに派遣している。

Forrestは、コンピューターの組み立て、模型ロケット用の小型装置、視覚障碍者のための補助具、高出力レーザーなどの作成を通じて、電子工学と科学のキャリアをスタートさせた。米国電気電子学会（IEEE）、アメリカ科学教師協会、テキサス・アカデミー・オブ・サイエンス、その他、多数の科学団体のメンバーでもある。現在は南テキサスに暮し「ジェロニモ川観測所」と名付けた郊外にある拠点で実験を行っている。

[監訳者紹介]

斉田 一樹 | さいた かずき

東北大学電子工学部、情報科学芸術大学院大学［IAMAS］メディア表現研究科修了。電子楽器製作者。木下研究所客員所長。現在は某楽器メーカーにエンジニアとして勤務しながら、The BreadBoard Band、車輪の再発明といった自作電子楽器ユニットでの活動や、美術ユニット、moidsで活動を行う。これまでに『Make: Analog Synthesizers』（オライリー・ジャパン）の監訳、「大人の科学 電子ブロックmini」（学研プラス）に作例提供などを行う。

[翻訳者紹介]

鈴木 英倫子 | すずき えりこ

武蔵野美術大学卒業。株式会社アスキーにおいて編集者として勤務したのち、岐阜県立国際情報科学芸術アカデミー［IAMAS］卒業。現在はマイクロソフト・デベロップメントにてローカライズ業務に携わるかたわら、"すずえり"の名前でサウンド・アーティストとしても活動。近年の活動にイギリスでの招聘展（Islington Mill、2017年）、国際学会「Ex-centric Music Studies」（ハーバード大学大学院音楽学会、2018年）での発表など。また、電子工作をお菓子に組み込むユニット、BreadBoard Bakingとしても活動中。http://suzueri.org

エレクトロニクスをはじめよう

2018年2月23日　初版第1刷発行
2018年5月 7日　初版第2刷発行

著者	Forrest M. Mims III（フォレスト・M・ミムズ・III）
監訳	斉田 一樹（さいた かずき）
訳者	鈴木 英倫子（すずき えりこ）
発行人	ティム・オライリー
デザイン	中西 要介、寺脇 裕子
印刷・製本	日経印刷株式会社

発行所　株式会社オライリー・ジャパン
　　　　〒160-0002 東京都新宿区四谷坂町12番22号
　　　　Tel (03) 3356-5227　Fax (03) 3356-5263
　　　　電子メール japan@oreilly.co.jp

発売元　株式会社オーム社
　　　　〒101-8460 東京都千代田区神田錦町3-1
　　　　Tel (03) 3233-0641（代表）　Fax (03) 3233-3440

Printed in Japan (978-4-87311-827-7)

乱丁、落丁の際はお取り替えいたします。
本書は著作権上の保護を受けています。本書の一部あるいは全部について、
株式会社オライリー・ジャパンから文書による許諾を得ずに、
いかなる方法においても無断で複写、複製することは禁じられています。

一般的な回路図記号
COMMON CIRCUIT SYMBOLS

受動素子

固定 コンデンサー	固定 コンデンサー （極性あり）	可変 コンデンサー	固定抵抗	可変抵抗	トランス

ダイオードとサイリスター

ダイオード／ 整流器	ツェナー ダイオード	SCR	トライアック	トリガー ダイオード	ブリッジ 整流器

トランジスター

NPN	PNP	N-JFET	P-JFET	N-MOSFET	P-MOSFET

光学部品

LED	フォトダイオード	フォト トランジスター	太陽電池	LASCR	フォトレジスター

論理ゲート

AND	NAND	NOT （インバーター）	OR	NOR	XOR

導線

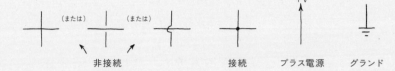

非接続　　　　　　　接続　　プラス電源　　グランド

スイッチ

SPST　　プッシュボタン　プッシュボタン
トグルスイッチ　（ノーマルオフ）　（ノーマルオン）

出力装置

リレー　　スピーカー　　ピエゾブザー

その他

メーター　　マイク　　電球　　水晶発振子　　電池　　電源プラグ

略記

A＝アンペア　　R＝抵抗
F＝ファラド　　V＝ボルト
I＝電流　　　　W＝ワット
P＝電力　　　　Ω＝オーム

M（メガ）＝×1,000,000
K（キロ）＝×1,000
m（ミリ）＝0.001
μ（マイクロ）＝0.0001
n（ナノ）＝0.000000001
p（ピコ）＝0.000000000001

オームの法則

V＝IR　　　R＝V/I
I＝V/R　　 P＝VI（または）I^2R

抵抗カラーコード

黒	0	0	×	1
茶	1	1	×	10
赤	2	2	×	100
オレンジ	3	3	×	1,000
黄色	4	4	×	10,000
緑	5	5	×	100,000
青	6	6	×	1,000,000
紫	7	7	×	10,000,000
灰色	8	8	×	100,000,000
白	9	9		—

4本目の帯は精度を表します。
（金＝±5%、銀＝±10%、
4本目の帯がない時＝±20%）